JN097831

自動車 新常態

ニューノーマル

CASE/MaaSの新たな覇者

中西孝樹
Takaki Nakanishi

日本経済新聞出版

はじめに

「新型コロナが及ぼす自動車産業への影響を教えてほしい」

これは新型コロナウイルス感染症（以下、コロナ）がパンデミックと化した2020年3月以降、筆者に絶えず求められてきた質問である。

「いったん、新車需要はV字型で回復はできるだろう。しかし、その先は見えない」

当時は苦しい回答しかできなかった。

残念ながら、構造的な影響を簡単に導き出せるほどのエビデンス（根拠）はなかったし、そもそも感染のピークがどういった形で訪れ、その後のレジリエンス（復元力・回復力）がどのようなプロセスをたどるのかもあまりはっきりとはしていなかった。

しかし、未知の感染症であったコロナも、現在ではその正体が徐々に見え始めた。怯(おび)え、逃げ惑う時期は終わり、我々はこの感染症に勝利すべく、新たな行動様式を確立し、それを実行することが求められている。

2020年の暑い夏も終わり秋色深まる中、世界の新車販売台数は順調に回復を遂げている。枯渇した世界的な完成車在庫への再投資も含め、自動車生産活動も勢いのある挽回が進んでいる。それをもって、ある種の安堵感が自動車産業に広がり始めていることも否定しがたい。だが、安んじていられるのだろうか。

コロナが引き起こした移動や自動車産業の構造的な変化には、非常に蓋然性の高いものがあると筆者は考えている。したがって、ポストコロナにおける自動車産業の構造変化——自動車新常態（ニューノーマル）——の議論は、まさにこれからが本番であることを強く認識すべきだろう。この変化の重大さを見抜き、必要な対策を今すぐにも実施しなければならないのである。コロナによって立ち止まるのではなく、これまでの変化の多くが加速すると捉えなければならないのだ。

自動車産業は100年に一度の大きな変革に直面している。それは、いまや産業界では常識となったCASE——Connected（接続）、Autonomous（自動運転）、Shared & Service（シェアリング&サービス）、Electric（電動化）の頭文字をまとめたもの——と呼ばれる大きな潮流である。この変革とともに、巨大IT企業などから厳しい挑戦を受けているにもかかわらず、自動車産業は、デジタル化から遅れた産業と見られてきた。

しかし、筆者の見立てによれば、アフターコロナにおいて、クルマのデジタル化はこれまで以上に急加速し、結果として、産業構造を変容させ、部品メーカーから自動車ディーラーまでを含めた大革命に巻き込まれることになる。その中で、クルマの価値は、ハードウェアからソフトウエアへと急速に移行することになる。この背景に何があるのか——。

本書は、コロナショックで大きな傷を負った自動車産業の短期的な動きを見定めるだけでなく、中長期的な産業としての対応を検討し、上記のような将来に対する疑問に答えを示すことを狙いとする。現時点で得られる最新のデータに基づき、自動車新常態を、圧倒的な確からしさをもって予測する。仮説構築とその検証を行い、アナリスト的なフォーキャスト（将来予測）目線のアプローチでポストコロナの産業構造変化をあぶり出す。あわせて、自動車産業が対応しなければならない本質的な課題とは何か、いかなる戦略をとるべきかを検討したい。

本書は、以下のアプローチで自動車新常態の結論にたどり着くことを目指す。

第1章で、コロナショック後の自動車産業の混沌と、リーマンショックを超えた残酷な結果を決算数値などとともに解説する。

第2章は、ウィズコロナの自動車産業が直面するモビリティの現状を伝え、世界の都市交通政策や在宅勤務の影響が産業にいかなる影響を及ぼすかをデータとともに解析する。

第3章は、中国市場の回復過程をさまざまな角度から検証する。世界中すべてが中国と同じようなレジリエンスを持つわけではないが、先行事例には多くの学びがあるだろう。

第4章はデジタル化、脱都市化の2つの軸で世界の都市群を6つの類型に整理したうえで、それぞれのケースの量的・質的な変化を予測する。コロナからのレジリエンスとは、単純で画一的なものではなく、多様な状況が現出するのだ。

第5章は、長期的な世界新車販売台数を3つのシナリオに分け、量的変化が及ぼす産業のファンダメンタルズを解析する。収益性や競争環境の変化や課題を浮き彫りにする。

第6章は、自動車部品メーカーへの影響を取り上げる。とりわけコロナで浮上したサプライチェーンの再構築へいかなるアプローチが必要であるのか検討する。

第7章は、自動車産業が対応しなければならないデジタル化への本質的な課題に焦点を合わせる。米テスラのケースを分析し、コロナが加速化するソフトウェアの時代に向けた変革を読み解く。

コロナが手繰り寄せるCASE革命に対し、自動車産業は何を目指し、どのようにものづくりを鍛え、いかなる企業戦略を捉えるべきか。CASEは、クルマを軸としたデジタル化と見ることもできる。一方、MaaSはさまざまな定義で用いられるが、本書ではヒト・モノ・サービスと自動車・モビリティを双方向で結びつける広義の「モビリティ・アズ・ア・サービス」と位置付けている。

このCASEとMaaSがクロスする世界こそが、自動車産業におけるデジタル革命の世界である。CASEについて深掘りした拙著『CASE革命――MaaS時代に生き残るクルマ』（日経ビジネス人文庫）との併読は、本書の理解をより深めることができるだろう。

米アマゾンは、ついに自動運転ベンチャーのズークスを買収し、米GMはテスラの最大のライバルといわれる電気自動車（EV）ベンチャーのニコラに巨額投資を実施。米EVベンチャーのリビアンは巨額増資を実現し始動目前だ。それに対抗すべく、トヨタはNTT、電通との資本提携に進み、ホンダはついに北米でエンジンや車台（プラットフォーム）の一部をGMと共有化する検討を開始した。そうした中、テスラはトヨタの時価総額を軽々と追い抜いた。コロナ禍の下、わずか半年のあいだに凄まじい業界激変が起こり続けている。本書は、そうした激動に対する幅広い疑問への回答ともなっていると考える。

これまでも国内自動車産業は幾度もの試練に耐え、日本を支える屋台骨であり続けた。しかし、この産業はコロナで過去最大の危機を迎えたと言える。本書が、アフターコロナに向けた企業戦略の指針を示し、国内自動車産業と周辺産業の復活に向けた考察の一助になればと願う。自動車アナリストとして30年近くを過ごしてきたが、人生最大の難問に遭遇した。これを避けて通ることはできないという覚悟をもって本書に取り組んだ。

目次

第1章 自動車産業の混沌

1 ロックダウンと自動車産業の混乱

▼ポストコロナの「自動車新常態（ニューノーマル）」の議論はこれから

2020年4月30日、米フォードは1－3月期の業績が6億ドル（約630億円）の赤字に転落したことをアナリスト向けの電話会議で報告していた。

「本日時点で、全世界のフォードの拠点において、生産・出荷活動を行っているのは中国のみです。その他のすべての拠点はコロナの影響で活動を停止している。これがどの程度続くか見通しはハッキリとしない。ただし、資金は潤沢に手元に準備できており、この状態が9月まで続いても、フォードの資金が尽きることはない」

ジム・ハケットCEOは苦しい声でこう現状を説明していた。

9月までという言葉は、勇気づけられるよりは、むしろ先行きが不安に聞こえた。わずか3年前にインターネット業界から華々しくフォードに移籍したハケットは、この2カ月後、同社の業績と株価低迷の責任を取る形で、道半ばの退任が決定したのである。

本書を執筆している2020年8月の時点で、想像以上に早く、新型コロナウイルス感染症（以下、コロナ）の猛威から世界的に企業活動や人々の暮らしが回復に転じていることは実に喜ばしいことである。わずか数カ月前は、正体不明の新型ウイルスが引き起こす肺炎の感染症に怯え、巣籠っていたことを考えれば、雲泥の差である。

3月、4月の時点では、自動車メーカーは未曽有の生産混乱と需要後退に巻き込まれ、存亡の危機に直面していた。証券アナリストの「自動車メーカーが破綻するまでに残された時間はあと何カ月」といった不安を煽る試算も出回っていたものだ。

コロナがパンデミックと化した3月以降、筆者は絶えず自動車産業の先行きに対する見通しを求められ続けた。しかし、その答えは見えなかった。

販売台数のような量的な変化は言わずもがなだ。目的、手段、価値、体験のように移動に関わる質的な変化、その変容に企業が適切に対応できるか否かが、より重要な議論であることはおぼろげに見えてはいたが、それを論ずるには時期尚早であったのだ。

しかし、今となっては未知の感染症であったコロナも、その正体は徐々に見え始め、3密（密閉・密集・密接）回避やソーシャル・ディスタンス（社会的距離）の確保、予防やマナーの徹底などの対抗手段も解ってきた。ワクチンや特効薬なども早晩実現し、移動の自由も含めて活動はさらに回復できると期待することは不見識とまでは言われないだろう。

例えば、中国はすでにコロナ前の世界に近いレベルに消費や生産活動が回復していることは事実なのである。それでは、世界中が中国と同等にコロナ前の世界に再生されるかといえば、筆者はそのような楽観論に対して否定的である。

リモートワークあるいはワークフロムホーム、つまり「在宅勤務」が世界的に定着し、非接触型都市分散へのトレンドが生まれ、様々な都市で公共交通機関の分担率が低下している。要するに公共交通の利用が減っているのだ。移動の距離・頻度が変化し、自動車の保有構造も影響を受け、新車購入からサービスに至るプロセスのデジタル化、オンライン化なども進展している。ポストコロナが引き起こす、こうした移動や自動車産業の構造的な変化は非常に蓋然性の高いものがあると言えるだろう。

「自転車の時代が来た、地方移住の時代だ、カーシェアは存続できない、ヒトの移動量が減少する、したがって自動車販売台数も長期的に減少」など、コロナの正体自体が見えない段階から多くの推論が飛び交った。しかし、確からしさをもったポストコロナにおける自動車産業の構造変化、つまりポストコロナの自動車ニューノーマルの議論はこれからが本番なのである。

➤ポストコロナの捉え方

さて、まずはポストコロナとは一体何を指しているのかを定義しなければならない。正体不明の感染症が中国で確認された2019年12月以前を「ビフォーコロナ」とすれば、そこからパンデミックと化し、有効な知識も対策もなく社会活動を止め、街をロックダウン（強制的な外出制限や移動制限を伴う都市封鎖）した段階までを「インコロナ」と呼ぶことは問題ないだろう。中国では3月から4月、世界的には5月にロックダウンをじわりと解除し、社会活動を再開した。

それ以降が「ポストコロナ」である。

ポストコロナには、ウイルスとの共存方法を模索し、抜本的な医学対処を待つ時間である「ウィズコロナ」の時期がまずは訪れる。その後、天然痘のようにウイルスを完全に克服するなり、インフルエンザのように共存する道を見出した「アフターコロナ」の段階が訪れる。ウィズコロナとアフターコロナを合わせて本書ではポストコロナと定義する。

多くの議論は、ウィズコロナ、アフターコロナ、ポストコロナの定義が曖昧であるし、議論の時空がかみ合っていない印象を受ける。コロナが及ぼすモビリティや自動車産業の構造論でも同様な混乱が生じているようだ。今や産業界では常識となったＣＡＳＥという概念は２０１７年前後から広まったが、当初は自動車産業の変容を、伝統的な保有乗用車（ＰＯＶ）が主体で残り、共有した車両でサービスとして移動するモビリティ・アズ・ア・サービス（ＭａａＳ）の黎明期に当たる「移行期」と、無人のロボタクシーが走り回る「移行完了後の未来図」の議論が混同されていたが、そのときと同じである。

移動の量的、質的変化をもたらす蓋然性は高い

ワクチンの普及や、決定的な特効薬、抗ウイルス剤といった医学的な進展に必要な時間と、感染拡大の第2波、第3波の襲来という疫学的な見地からも、少なくとも1～2年のウィズコロナの期間を経て、アフターコロナに移行するというのが一般的な考え方だ。２０２２年まではウィ

ズコロナの中で新しい行動様式が模索され、新しい価値観が醸成されて、消費行動や顧客嗜好の新しいトレンドを形成していくだろう。

その結果として、保有台数、移動回数、移動距離、車両走行距離で見た移動の「量的」な変化は言うに及ばず、目的、デジタル化、顧客嗜好、要求されるユーザー・エクスペリエンス（UX）という「質的」な変化も極めて大きいだろうと考える。

コロナは、人々にデジタルの便利さや効率性の高さを再発見させた。同時に、望むところへ自由にリアルに移動できる喜びや、家族との団らん、親しい人たちとの関わりの本当の大切さを再認識させたことは言うまでもない。新しい行動様式がヒト・モノの移動価値を再定義し、移動の量的、質的変化をもたらす可能性は高いと考えるべきだ。

2　負の連鎖の比較

▶リーマンショックを超える減産

とにもかくにも、コロナショックはこれまでの常識をすべて覆した危機であった。中国・武漢で確認された新型肺炎は、旧正月の帰省ラッシュを通じて中国全土に拡大した。筆者はお隣の中国で新型肺炎が拡大しているニュースは耳にし、不安を感じていたが、２０２０年1月23日の武漢市封鎖のニュースで震撼に変わった。

自動車産業の当時の問題意識としては、中国を中心とするサプライチェーンの寸断という、生産活動に影響を及ぼす供給サイドの認識にすぎなかった。中国に限定された新型感染症の流行が通常のレベルを超えて広がる「エピデミック」となり、その封じ込めを狙った中国政府の過激なロックダウン政策がモノの流れを止めてしまった。これが世界的に供給問題を生み出し大問題となった。ただしこの段階では、時間が問題を解決できると大半の人は楽観的だった。

その後、コロナウイルスはイタリアで猛威をふるい、一気に世界に広まった。WHOがパンデミック宣言をするに至ったのは、遅きに失した3月11日の出来事であった。世界のヒト・モノの動きは止められ、供給と需要が同時に封印されるという、世界的な経済危機を引き起こすこととなったのだ。

自動車産業への影響も凄まじかった。パンデミック化を受けて世界の主要都市のロックダウンが連鎖した2020年の3月から4月にかけて、世界各地で生産工場と販売拠点の多くが閉鎖に追い込まれた。ただ、先に感染を封じ込めた中国と、影響が限定的であった日本、韓国、台湾、ベトナムの東アジア諸国は、相対的に稼働率を維持できた。これが悲劇の度合いを若干軽減させたのだ。なぜ、東アジアでは感染者や死者が少ないのか、疫学的な見地で諸仮説があるが、「ファクターX」と呼ばれるその原因究明には興味が尽きない。

日本国内の自動車メーカーのグローバル生産稼働率を週次で追ったものを図表1－1に示して

図表1-1●国内完成車メーカーの世界設備稼働率の推移（2020年）

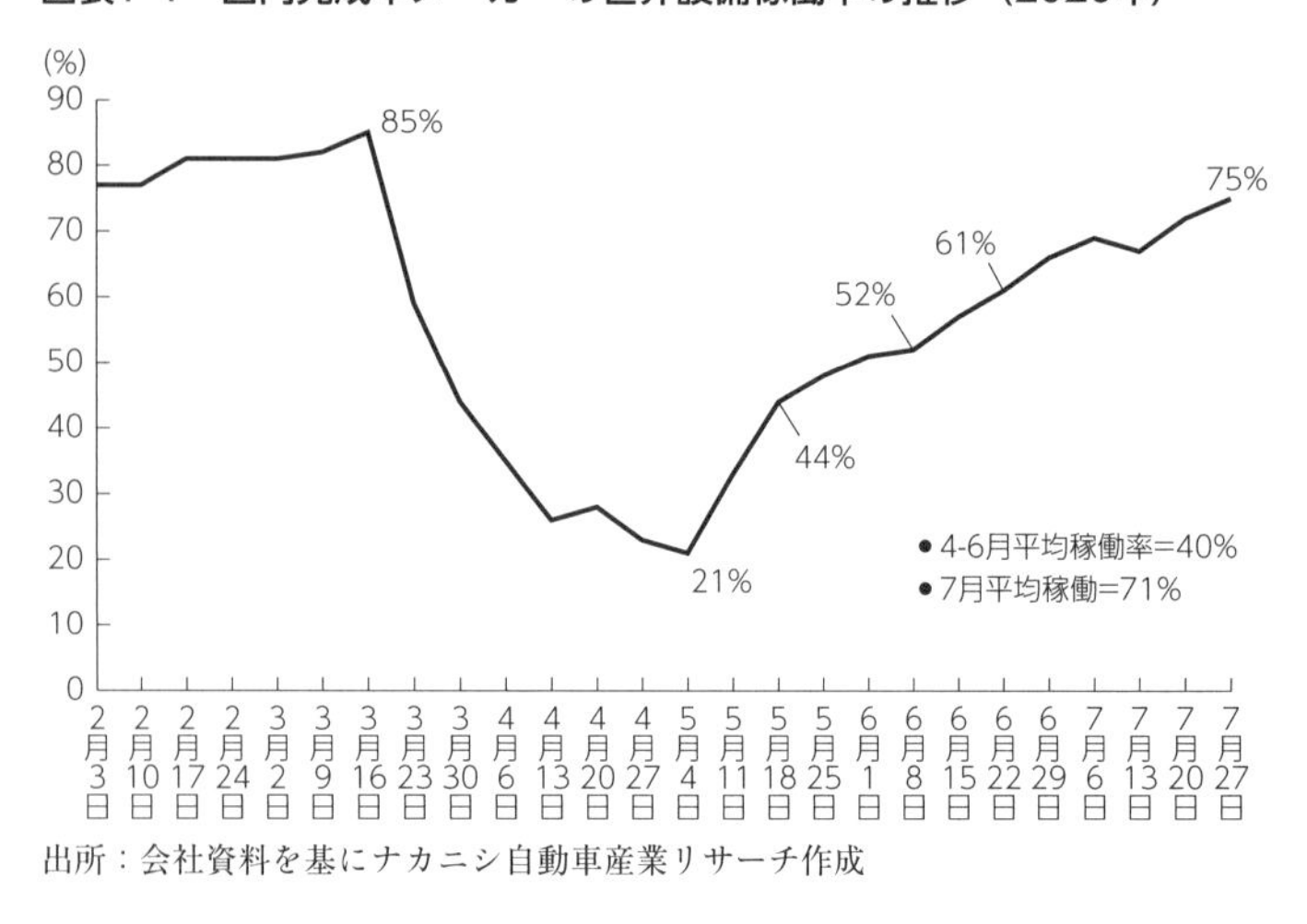

出所：会社資料を基にナカニシ自動車産業リサーチ作成

いる。日本で緊急事態宣言が発動され、国内工場のシャットダウンが加わった4月後半に、稼働率は30％を割り込み、ゴールデンウィーク前後には20％まで落ち込んだ。過去の危機でも稼働率が50％を大きく割り込んだことはない。まさに、未曽有の事態となった。過去に記録した様々な記録を塗り替え、リーマンショックを超える経済危機、産業の危機へと発展していった。

▼リーマンショックの本質論

リーマンショックとコロナショックには、「カネ」の停止と「ヒト・モノ」の停止という本質的な原因の相違点がある。リーマンショックの特徴は、スタートに金融システム危機があったことだ。様々な企業活動が資金繰りに追われ、需要後退→生産調整→業績悪化の負の連鎖が続く中で、企業は弱体化した。

その中でも、販売金融事業と完全に一体化している自動車販売は、劇的な影響を受けた産業のひとつとなった。バーゲンリースや低金利ローン販売で、与信度の低い消費者に新車を売りさばいていた当時の自動車産業は一気に転落していった。世界の新車需要の3分の1が瞬間的に消滅し、販売金融事業は資金繰りに追われ、多くの自動車メーカーが経営危機に陥った。

国家よりも資金の流動性は安全と言われるトヨタ自動車ですら、リーマン・ブラザーズが経営破綻した2008年9月の翌月、わずか1カ月間で1兆円以上の現金が消滅する事態に震えあがったと言われ、2007年度の2兆2704億円の営業最高益から2008年度は一気に4610億円の営業赤字に転落したのである。

リーマンショックの本質論としてもうひとつ理解したいことは、需要減少から生産調整のリードタイムが非常に長かったことだ。需要の減少、在庫の積み上がり、生産調整という負のサイクルがずぶずぶと長期にわたり、何段階もの業績見通しの引き下げが連鎖した。金融事業の評価損の計上に始まり、営業用資産の減損処理、繰延税金資産（ＤＴＡ）の取り崩しなど、会計的な処理から資産のメルトダウンが起こったのである。

２００８年９月の危機発生に対し、トヨタ自動車の生産調整のピークは、実に6カ月後の翌年3月に訪れている。「もうダメか」と天を仰いだその瞬間、世界の新車販売がV字型に回復し始めた。各国が金融システムの立て直しを実現し、１００兆円とも言われた中国の巨大な財政出

図表1-2 ● 負の連鎖の対比：リーマンショック対コロナショック

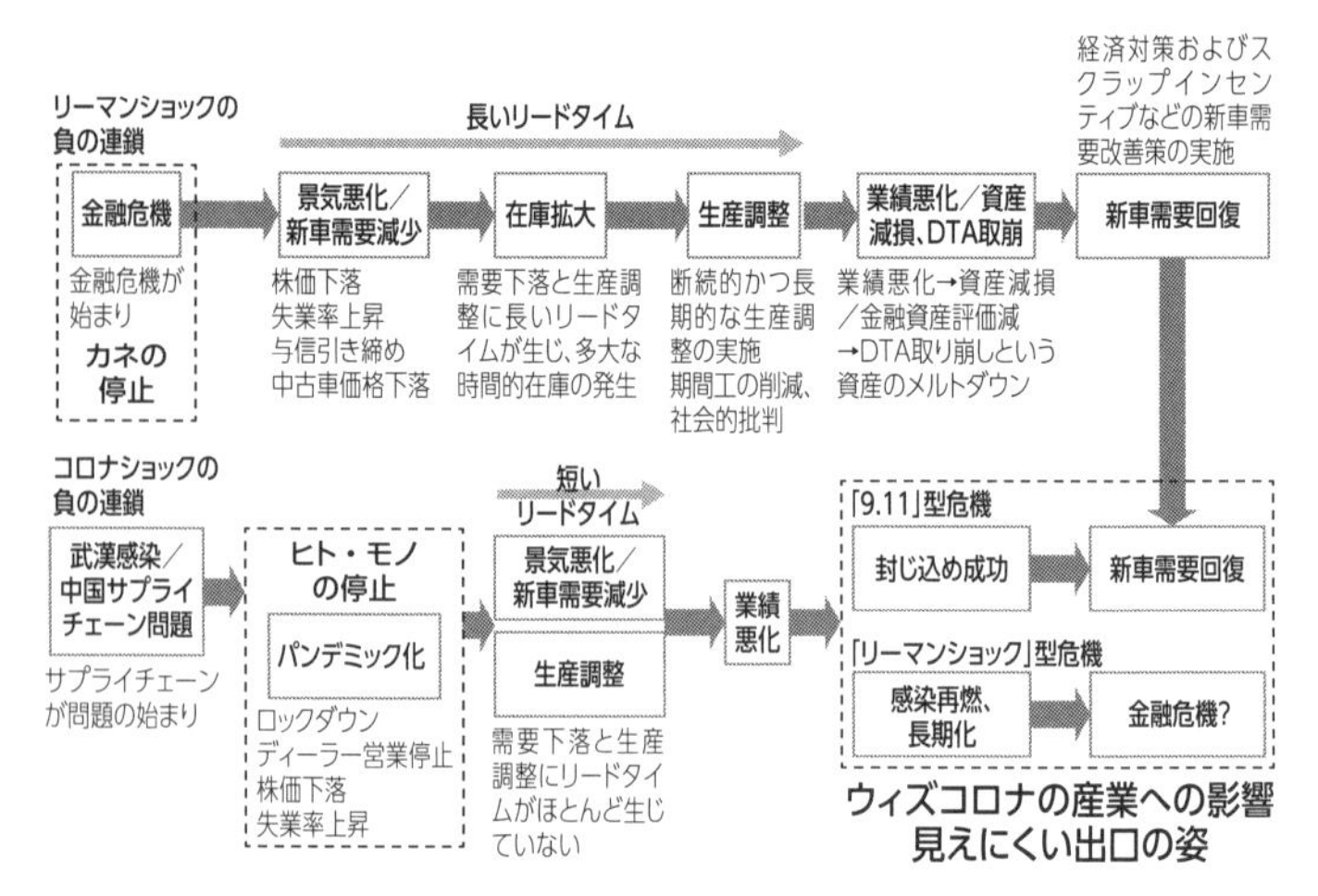

注：DTA＝繰延税金資産
出所：ナカニシ自動車産業リサーチ

動、欧州各国では古い車を新車に買い替えることを促すスクラップ・インセンティブが導入された。危機からわずか12カ月、瞬く間に世界の新車需要は復元されたのだ。

台数規模は復元されたが、リーマンショックは自動車産業に3つの劇的な構造変化をもたらした。第1に、世界の需要構造にパラダイム・シフトを引き起こし、先進国から新興国がけん引する時代を手繰り寄せた。第2に、クルマのコモディティ化が加速することになった。標準化を推進しコスト競争力を支配し始めた欧州ブランド、韓国ブランドの大躍進が始まり、日本ブランド、米国ブランドの凋落を招いたのである。

第3に、構造対応に迫られた国内の自

動車産業は、固定費をピーク比30%削減するような闇雲な緊縮策を実施していった。新しい需要構造に即したグローバル生産拠点の地域配分の適正化に始まり、欧州が先行した標準化や共通化を実現できる新しい設計から調達に至る包括的な見直しを各国の自動車メーカーが受け入れていくことになったのだ。

この過程で、国内だけに限らず世界中の自動車産業は、完成車メーカーからサプライヤーに至るまで、中国市場への依存度を急激に引き上げることとなった。リーマンショック後の需要構造やコスト競争力の変化に対応すべく、中国市場に生産拠点を移し、部品・部材の世界的な供給基地に位置付けたところでコロナが中国を襲ってきたのだ。

▶コロナ危機の2つの出口

世界の主要都市のロックダウンが連鎖し、需要と供給が同時に停止することで経済活動が封鎖状態となり、歴史的に最悪の不況を引き起こすこととなったのがコロナショックだ。

コロナが生み出した負の連鎖はリーマンショックのそれとは性質が異なる。コロナショックでは、需要消滅と生産調整が同時に起こっている。今回は余剰在庫は存在しておらず、むしろ世界的に新車も中古車も在庫が6月末に枯渇するという状態になった。

経済の悪化は瞬間的に起こり、とてつもなく鋭角的に経済活動は悪化する。しかし、ロックダウンを解除し、経済活動を再開し財政出動を進めれば、新車の販売回復も急落からV字回復となるのである。現段階で、世界の新車需要の短期的な回復に不安はほとんどない。その先の出口が見えないのがコロナの議論の本質だ。量的にも質的にも、自動車産業の出口はまだはっきりとしていないのである。

出口のシナリオは大きく2つの方向があるだろう。ひとつ目は、アメリカ同時多発テロ（9・11）型の回復であり、特効薬、ワクチンなどの薬が早期に開発され、感染症の懸念は消え経済活動が早期に正常化するシナリオだ。自動車の生産・販売は急速に回復し、構造変化も比較的小規模に終わる。

▼9・11がもたらした構造変化

9・11のときは、ウサマ・ビンラーディンを匿うアフガニスタンへ打ち込まれたミサイルが大きな威力を示した。テロの恐怖に怯えた米国市民は、旅行は取りやめ、愛する家族とともに家に巣籠りした。テレビの前に釘付けになったという意味で、9・11とコロナには類似性がある。

1990年初頭、筆者は2機目の飛行機が激突したニューヨークの世界貿易センター南棟96階で勤務していた。そこで1993年2月26日の地下駐車場に仕掛けられた世界貿易センター爆破事件と遭遇し、煙で充満した暗黒の非常階段を2時間以上かけて避難した経験がある。その後帰任して出張でニューヨークを再訪し、2001年9月4日9時にアポがある南棟の98階のオフィスを訪れていた。ちょうどそのピッタリ1週間後、ユナイテッド航空175便が9時3分に南棟へ激突したのである。モーターショー視察でフランクフルトへ移動していたが、その瞬間をテレビのライブ報道で目撃した。

衝撃は今も忘れることができない。そんな経験もあり、テロの恐怖に怯えた米国市民の気持ちを痛いほど理解できる。首謀者へ向けてミサイルが発射され、テロに対する勝利を確信した米国市民は高揚した。家を飛び出し、新車を買い、家族と旅行に出かけた。家族とゆとりあるドライブ旅行を楽しむために、「ライトトラック」と定義されるSUVやピックアップトラックといった非セダン型商品の一大ブームが訪れた。9・11は巡り巡って新車消費を盛り上げる契機となったのだが、それが行きすぎて、リーマンショックを引き起こす遠因となったのである。

➤コロナ危機の本質論

話が横道にそれてしまったが、コロナによる感染の第2波、第3波が襲来し、特効薬、ワクチン開発に時間を要するとすれば、経済回復に長い時間を要するリスクシナリオがある。2つ目の出口シナリオは、経済回復が遅れ、企業収益の長期的な低迷を招く場合であり、その先には金融システムリスクが再燃するようなリーマンショック型もあり得るということだ。

最終的にカネの流れも止められる、想像したくない悲惨な未来もありうるだろう。ただ、リーマンショック型を信じるほど筆者は悲観論者ではない。恐らく現実的な出口とは、上記の2つの出口の混合型ということになりそうだ。

コロナに対する決定打は、特効薬やワクチンの開発・普及だろう。世界の民主国家では、中国型の徹底監視、行動制御、検疫方法によるウイルス封じ込めの手法は現実的ではない。一定の行動様式を推奨して、ワクチンや抗ウイルス剤を開発し、普及させるには、今後少なくとも1年から2年の時間を要するだろう。

9・11では多発テロ発生の翌月に米国はミサイルを発射したが、コロナは出口までかなりの時間を要するのである。経済的に回復が緩慢で、感染リスクを抑制する行動様式を必要とするウィズコロナの時間を過ごすことにならざるを得ない。そして、在宅勤務の定着や、公共交通利用の減少、脱都市化、新車購入からサービスに至るプロセスのオンライン化など、デジタル化のトレンドがパラダイムシフトとして自動車産業を襲う。これはまさに自動車産業のデジタル革命、いわゆる「CASE革命」を手繰り寄せる構造変化に等しい。リーマンショックが新興国の時代を手繰り寄せたのと同じように。

3　米レンタカー大手ハーツ破綻劇

▼スペイン風邪で創業しコロナで経営破綻

リーマンショックでは、多くの自動車メーカーの破綻劇につながったが、コロナショックが現時点で直接的に自動車メーカーの経営状況を極限に追い込んでいる事実はない。確かに、日産自動車や三菱自動車の経営状態は混迷しているが、これらはコロナショックの有無にかかわらず、自らがまいた種が原因にある。現段階では、コロナショックは自動車メーカーを窮地には追い込んでいないようだ。コロナは真綿で首を絞めるように、時間をかけながら、じわりと弱者を追い込んでいくたちの悪いかたちとなるだろう。

これまでの重大な自動車産業に関わる破綻や撤退劇は2つある。ひとつは米レンタカー市場でシェア20%を有する最大手のハーツ・グローバル・ホールディングス社が5月22日に連邦破産法11章（チャプターイレブン、日本の民事再生法に相当）の適用を申請し、事実上経営破綻したこと。そしてグーグルの兄弟会社であるサイドウォーク・ラボ社がカナダのトロント市で取り組んできたウォーターフロント・トロント・プロジェクトから電撃撤退を決定したことである。

サイドウォーク・ラボに関しては第7章で詳細に解説するとして、ここではハーツ破綻劇の裏側を記そう。新型コロナウイルス感染症の影響を受けて多くの企業がコロナ破綻を演じる中で、米ハーツの破綻は自動車産業に関わる業態として初めての大型破綻案件となり、大きな注目を浴びた。ハーツは創業が１９１８年で１０２年の歴史を持つ老舗企業だ。１９１８年はスペイン風邪がパンデミックとなった年であり、２０２０年のコロナのパンデミックで経営破綻を迎える皮肉な結果となった。

➤苦戦を強いられたレンタカーとライドシェア

米国は多くの都市でロックダウンに近い都市封鎖や行動制限が課された。当然、空路による国内移動は大きな制限を受け、米航空業界は3月、4月と70％以上の減便を実施している。この影響をもろに受けたのが、空港から目的地までの移動手段を提供するハーツのようなレンタカー会社やウーバーなどのライドシェア企業であった。

実際、4月の段階でハーツは破産法適用申請の可能性に備えていると噂されていた。リース債務の支払いの延長、従業員のレイオフ、CEO辞任などのニュースが絶えなかった。再生に向けて虎視眈々と準備を進めていたと考えられる。世界の従業員の約半分に相当する2万人の人員削減を行うが、レンタカー事業を継続しながらサービスを提供し、コスト競争力を高め、財務基盤を築くことを狙っている。

➤米中古車市場価格の暴落と暴騰

大きな波紋となったのが、米国で中古車市場価格の暴落の引き金を引いたことだ。自動車メーカーから新車を購入、車両を担保にABS（資産担保証券）で資金を調達し、レンタカーをユーザーに貸し出すのがレンタカービジネスである。米新車市場の約20％、年間300万台もの新車がレンタカー・フリートの巨大需要に呑み込まれているのである。

ほとんどのフリート車両はオークション市場で売却され、その資金でABSの返済をするという資金循環がこのビジネスの根幹にある。しかし、コロナ禍でレンタカー需要が瞬間消滅する中で、レンタカー会社は手持ちのレンタカー・フリートを売却し資産の現金化に殺到した。一方、オークション市場はコロナ感染対策のため閉鎖されている。わずかに開かれるオークション取引で、中古車価格が前代未聞の急落を引き起こしたのである。

米コンサルティング会社マンハイムが開示する中古車価格指数は重要な指標として注目されてきた。なぜ、中古車価格が重要であるかといえば、中古車価格は車両の残価価値の近似値であり、自動車メーカーにとって最も重要な経営指標のひとつであるからだ。個人向けリース販売が全体の3分の1を占める米新車市場では、毎月の支払金額を決定する数年後の残価価値は、価格競争力そのものである。中古車価格が下落すれば、残価価値も減少し、月々の支払金額が上昇して、クルマは売れ行きが落ちる。あるいは新車をその分だけ値引きして販売しなければならなくなる。

同時に、大手の自動車メーカーは販売金融会社を運営し、個人向けリースの資産（＝残価価値）をバランスシートに何千億円も保有している。中古車価格が下落すれば、実態に合わせて保有資産の減損や償却が必要となってくるのだ。リーマンショックの時は、GM傘下の金融会社GMACは経営破綻し、トヨタ自動車でも1000億円を超える損失が発生した。

そして2020年4月に入り、中古車価格指数が過去に例のない乱高下を演じたのである。4月20日、中古車価格指数は3月末の141・9から125・2へ12％もの大暴落となった。

図表1-3① ● リーマンショック時の中古車価格指数

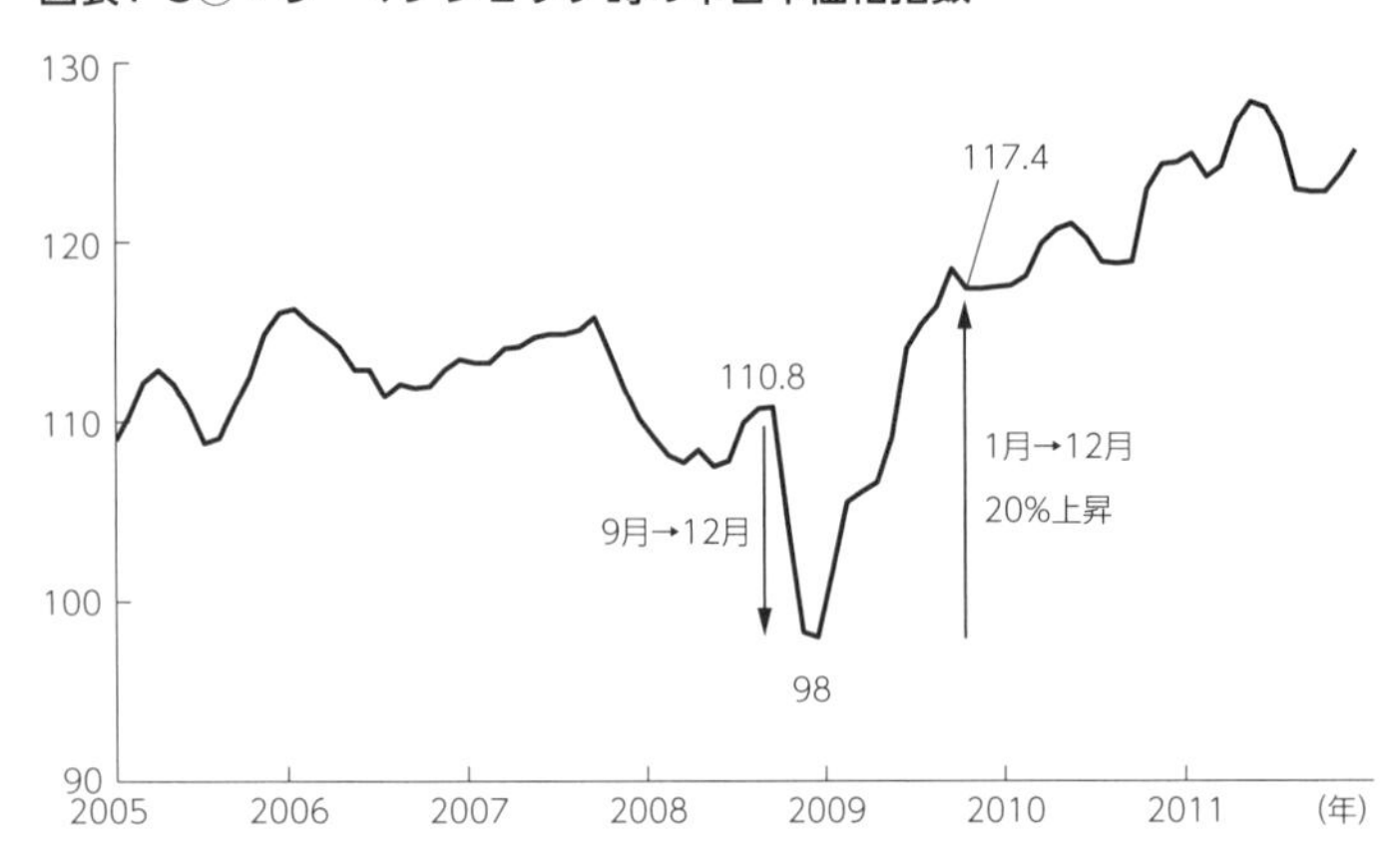

図表1-3② ● 新型コロナ感染症の中古車価格指数

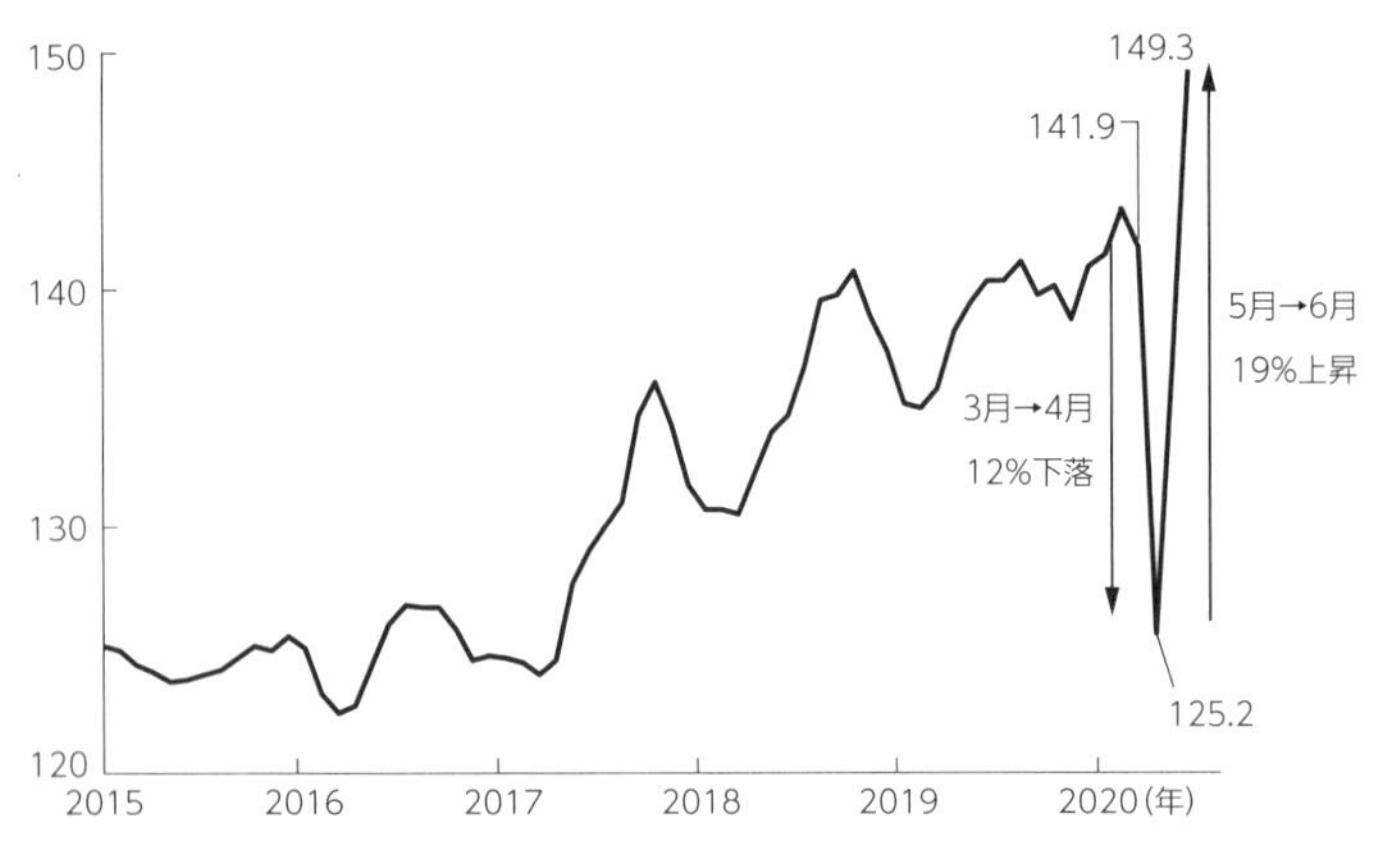

注：1995年1月＝100とした指数値
出所：Manheim Consulting

2008年9月は110・8から12月の98・0へ12％の下落を演じたが、コロナでは同じ下落がわずか2週間で起こったのである。この先、ロックダウン政策が長期化し、レンタカー会社が大量の車両売却を続けていけば、指数がどこまで落ちていくのか見当もつかない。

ただし、不安は1カ月でほどなく消滅した。5月の同指数は137・0へと9％も反発し、続く6月は149・3へさらに9％上昇したのだ。リーマンショックでは同指数は3カ月かけて12％下落し、その後12カ月かけて20％上昇した。ほぼそれと同じことがコロナでは2カ月で達成されたことになる。

➤中古価格反騰は、自家用車（POV）需要の強さの証左

実際、中古車価格指数は今後も一段と上昇する可能性が高い。その理由は2点ある。まずは、良質な中古車への実需が強いということだ。コロナウイルスの感染を避けるために、自家用車（POV）で移動することが見直され、中古車需要は拡大が見込まれる。次に、自動車ディーラーの中古車在庫の仕込みが活発化していることだ。

感染者数の封じ込めが遅れているにもかかわらず、米国では新車販売の回復が早い。理由は、6年から7年間もの超長期ゼロ金利ローンに3カ月支払い猶予を加えますといった激安新車販売促進のプログラムに、裕福な消費者が食いついているのである。まさに、「これは買わなきゃ損」という空気だ。6月まで米国内の工場はあまり稼働できなかったため、ディーラーのヤードから

は新車在庫が消えてしまった。車両工場の増産体制が整い、新車をトラックが大量に運んでくれるまで、ディーラーは中古車を販売して食いつなぎたいのである。

世界同時多発テロの勃発でテロの恐怖に怯え、みんなが家に巣籠った2001年9月、GMは「Keep America Rolling（米国の前進は止まらない）」と銘打ってゼロ金利ローンの一大キャンペーンを打ち出した。愛国心に訴えたこのキャンペーンは大成功し、米国の国民は家から外に出かけ、米国経済を支える気持ち、すなわちテロとの戦いに勝利するために新車を購入したのである。自動車の販売状況に限ってみれば、現在の風景は、まさに9・11の後の新車消費の活況と似たところがある。

余談だが、2020年の大統領選でのドナルド・トランプの新スローガンは、「Keep America Great!（米国を偉大なままに！）」である。どこか聞き覚えのある愛国心に訴えるフレーズではないだろうか。

4 短期的需要見通しとその先の危機

▼短期的需要の回復をけん引する3つの要因

今回のコロナ危機から世界の新車販売台数はどのような回復を演じるのだろうか。長期的な予

図表1-4●グローバルSAARの推移：リーマンショックとコロナショックの比較

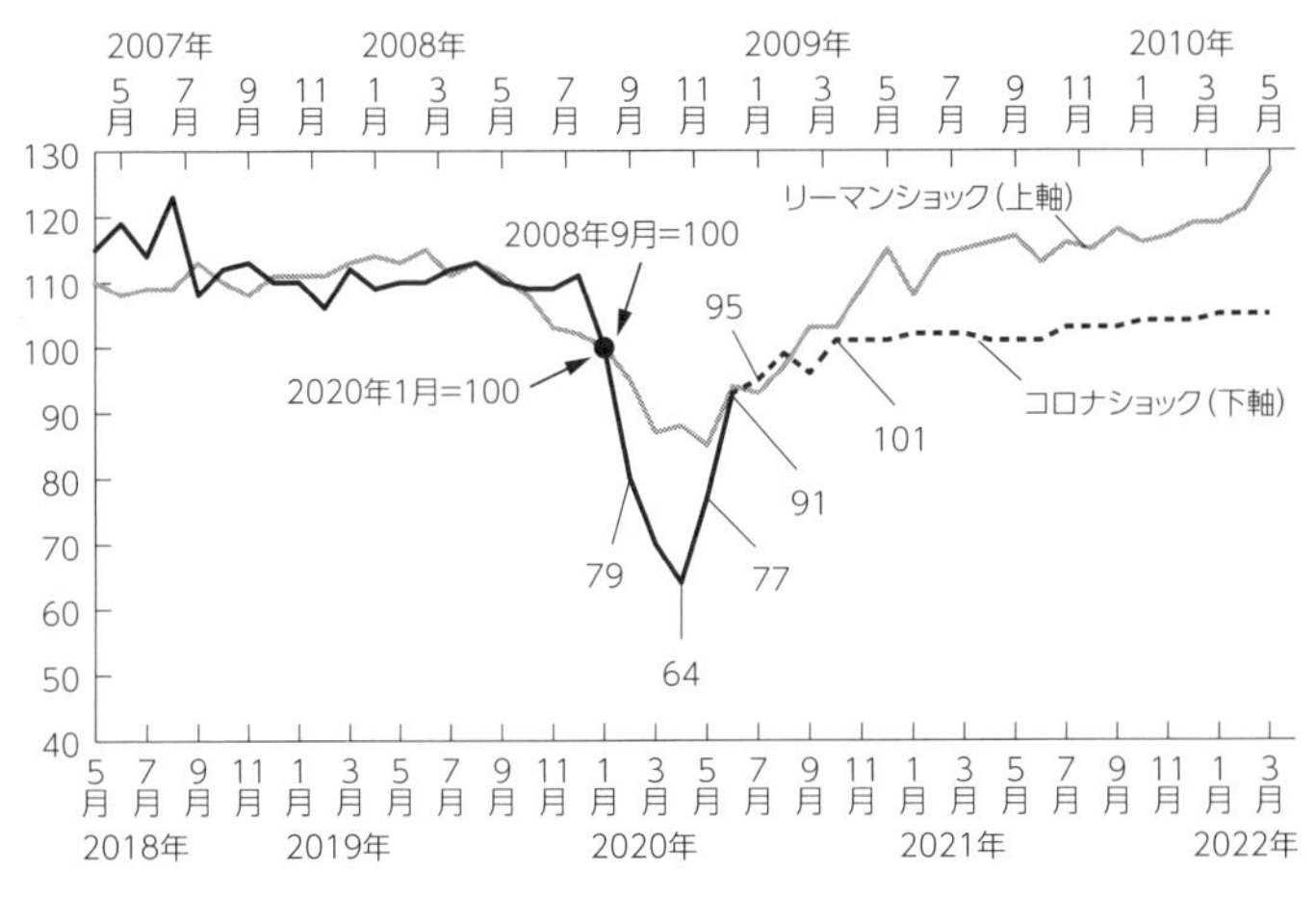

出所：ナカニシ自動車産業リサーチ予想

測やその根拠は第5章で展開するが、少なくとも、短期的な需要回復の必然性は高いと考えてきた。リーマンショックの時よりも世界新車需要は鋭角的に減少したが、回復も鋭角的に進む。危機直前の水準には、恐らく2020年の後半にも到達が可能である。ただし、問題の本質はそこから先なのである。

新車販売台数を季節調整し、年率換算した各国の合計値をグローバルSAAR（「サー」と発音する）と呼ぶ。毎月の世界新車需要レベルを連続的に比較し評価することに便利だ。グローバルSAARは2020年3月に前年比37％減少し、続く4月の同41％減少してボトムを付けた。その後、5月は同30％減に減少率を縮め、6月は同20％減、7月は同3％減と改善が続いている。過去最大の経済危機と言われながらも、新車の需要回復は順調に進捗しているのである。

筆者は危機勃発当初から、短期的な新車需要のV字型の回復は可能だと主張してきた。その根拠としては、ロックダウン政策で先延ばしされた新車需要が解除後に顕在化する「遅延需要効果」、政府の需要促進策による「前倒し需要効果」、感染防止のため公共交通分担率が低下し「自家用車の移動価値が増大」の3つがあげられる。事実、中国ではマイカーブームが来ているし、米国では不況下に高額なSUVやピックアップが飛ぶように売れている。

なかでも当初の世界の新車需要を強く牽引してきたのが中国市場である。8月からは欧州で本格的な需要喚起策が実施された。回復が遅れていた日本やASEANでも、底打ちの兆しを確認できている。これからグローバルSAARの回復には拍車が掛かると見ている。

▼4－6月期の悲劇――世界で2兆2175億円のキャッシュ消滅

グローバルの主要8自動車メーカー（VW、ダイムラー、フォード、GM、FCA、トヨタ、ホンダ、日産）の2020年度4－6月期営業赤字総額が1兆2703億円に達している。国内3社（トヨタ、ホンダ、日産）の合計赤字額は2537億円と相対的に安定はしているが、リーマンショックの2008年度1－3月期の1兆1959億円に次ぐ、巨額な赤字額である。トヨタは前年比98％減の大幅減益ではあるが、139億円の黒字を確保し、世界の自動車会社を驚かせた。

各社の4－6月期決算にほぼ共通しているのが、低い稼働率にもかかわらず収益は懸念したほどの赤字額には拡大しなかったことだ。台数が急激に変動するこの四半期の業績には、様々な会計的要因が大きくスイングすることが随所に見られた。四半期決算における会計的な影響は、詳細に踏み込んでも結局年度を通せば相殺しあう性質のものであり、あまり本質的な議論ではない。あえて一歩踏み込めば、国内3社の合計赤字額は表面的には2537億円であるが、一時的な利益や未実現利益の入り繰りなどの会計的なノイズを除いた実質的な赤字額は4440億円に拡大する。

この差は、7－9月期の減益要因となるものが多く、少々想定以下の収益が見えたとしても動揺しないほうがよい。短期的な新車需要は回復し、在庫不足を埋める高い生産活動が行われるのであるから、短期的な業績もV字型の回復になるのは道理である。2020年度の下半期に向けて、営業赤字を抜け出し急速に収益性を回復するだろう。

一方、4－6月期決算で見えたバランスシートの悪化は想定以上である。現金流出は減収幅を超えて想定以上に大きく、先述の世界の主要8自動車メーカーの4－6月期合計で実に2兆2175億円の現金が流出している（ここでは金融事業を除く製造業のみを対象とする）。日本の主力3社合計で1・4兆円もの現金が3カ月で流出した。

売掛債権と支払債務のサイト差から、減産期は資金流出、増産期は資金流入となるのが一般的

図表1-5 ● 2020年度4-6月期の世界の主力完成車メーカーの財務データ

(千台、億円)	GM	フォード	VW	ダイムラー	BMW	トヨタ	ホンダ	日産	8社合計
出荷台数	421	645	1,799	542	321	1,159	337	282	5,506
(前年比%)	−63%	−55%	−35%	−34%	−37%	−50%	−63%	−65%	−48%
小売り台数	1,466	645	1,887	523	485	1,697	931	643	8,277
(前年比%)	−24%	−53%	−32%	−25%	−25%	−31%	−30%	−48%	−33%
売上高	17,825	20,580	51,495	37,840	25,039	46,008	21,238	11,742	231,766
(前年比%)	−53%	−50%	−37%	−29%	−22%	−40%	−47%	−51%	−39%
営業利益（損失）	**−1,290**	**−2,931**	**−3,001**	**−2,109**	**−835**	**139**	**−1,137**	**−1,539**	**−12,703**
(前年比%)	—	—	—	—	—	−98%	—	—	—
調整後キャッシュフロー	**−956**	**−5,640**	**−2,382**	**1,003**	**−370**	**−1,250**	**−4,423**	**−8,157**	**−22,175**

注：トヨタ、ホンダ・日産・BMWの調整後営業利益はナカニシ自動車産業リサーチによる
出所：会社資料を基にナカニシ自動車産業リサーチ

だ。4−6月期は世界的な減産期にあたるため、自動車メーカーの現金は大きく流出した。さらに、サプライヤーやディーラーの資金繰りを支援することも加わったため、資金は一段と流出したのだ。マツダが大幅なネットデットに落ち込み、日産は1兆円あったネットキャッシュの80％をわずか3カ月でキャッシュアウトするなど、極めて大きな財務的な影響が起こっている。

▼必要な将来成長投資が確保できない

短期的な営業収益の回復が見込まれ、かつ増産期に伴う運転資本の再流入があるため、資金繰りの最悪期は4−6月で完了している。このままいけば、財務的な危機は回避できるだろう。ウィズコロナの圧迫を受けた新車需要の環境下、自動車メーカー

は基本的に高水準の設備投資・研究開発を継続する意思を示した。減額したとはいっても配当金の支払いも負担が重い。この結果、想定以上の台数回復がなければ、各社の財務体質の改善は時間を要すると考えられる。

ここでの重要かつ、本質的な問題点とは、ポストコロナで見込まれる穏やかな台数成長や、移動の質的な変化、CASEに必須の技術革新に向けた投資負担の増大を考慮したときに、長期にわたり財務体質の改善が望めず、自動車産業が生き残りをかけて投資していかなければならないCASE革命、デジタル・トランスフォーメーション（DX）の資金を十分に確保することが容易ではないことだ。

自動車産業に躊躇するゆとりはない。敵はここが好機と攻める姿勢を強めているのである。コロナの勝ち組で自動車産業を破壊的に攻めこもうとするIT企業の業績は絶好調なのである。

▼非連続的イノベーションとソフトウェアの時代

2020年5月、コロナに窮する自動車産業を尻目に、米電子商取引大手のアマゾンは米有力自動運転ベンチャーであるズークスを約1200億円で買収し、無人貨物配送の取り組みの抜本的な強化へ重要なステップを踏んだ。テスラの株価上昇は止まらず、軽々とトヨタの時価総額を追い抜いた。それを追う米EVベンチャーのリビアンは25億ドル（約2670億円）もの大型増資を実現し、量産開始の準備を整えた。彼らにしてみれば、コロナ危機で従来の自動車産業を攻める絶好の機会が訪れているのだ。ポストコロナが自動車産業構造に及ぼす最大の変化とは、CASE革命の加速化であり、DXに重大な加速度が付くことである。自動車産業の設計・製造・販売・サービスというそれぞれのバリューチェーンの工程でデジタル化が加速するだろう。産業全体がデジタル化の大波を受けることになる。

IT企業が仕掛ける破壊型の非連続的イノベーションは、自動車の付加価値をハードウェアからソフトウェアへと移行していくのを急速な勢いで加速させるだろう。製造領域ではクルマの設計思想を根本から作り直すことが必要となり、販売領域では顧客嗜好、ユーザー・エクスペリエンス（UX）に対応できるディーラーのオンライン化を実現しなければならない。

ものづくりの現場で育まれる擦り合わせの暗黙知、ノウハウ、あうんの呼吸、ディーラーの営業担当者が持つ営業手帳、営業のセンス、時には押しの営業スタイル、顧客接点や信頼関係をデジタル化してクラウドにデータを蓄積、仮想空間上のデジタル情報として再現し解析を可能とするデジタルツイン（サイバー空間上に再現したフィジカル空間の環境）を構築していかなければならないのである。

▼CASE革命、DXで先駆ける

4－6月期の決算で世界の大手自動車メーカーで営業黒字を確保したのはトヨタ自動車1社のみであった。営業赤字に転落したリーマンショック時とは違い、今回は営業黒字を確保できると、テレビ会議に登場した豊田章男社長は就任以来10年目の成果を誇ったのだ。

確かに、豊田が２００９年に社長に就任したのは。トヨタがどん底の大赤字の時であった。

「どんな時でも赤字に陥らない、持続的に成長できる真の成長力を模索する」

拡大主義が災いし、大赤字に陥ったトヨタに対し、メディアの批判の矢面に立つ中で回答した豊田社長のこのフレーズを思い出さずにはいられない。過去10年間、企業体質を強化したことでこういったご時世でも黒字を確保できるのである。

「リーマンのときは、全てに対してＮＯと言い、全てを止めてきました。しかし今は、コロナ禍で非接触型の世界が訪れるに当たって、思い切りやり方を変えてみようよと。逆にアクセルを踏んでやろうと、私自身の独断ではなくて、みなの声を聞きながら、最終的に決めています。企業として強くならなければ、絶対に何もできない。そして今、コロナ禍でも赤字にならないほど強くなった分を、何にどう使うかが、試されていると思っている。トヨタは今、それができるわけですから[1]」

２０２０年8月1日のインタビューの中で、赤字に陥らず安定的な配当を実施できる企業だからこそ、やり続けるべき事業へのコミットメントを豊田社長は堂々と主張した。

ライバルよりも先に赤字にならないためには、より損益分岐点を引き下げるに尽きる。その体質を過去10年かけて強化してきたからこそ、トヨタはこの危機にＣＡＳＥ革命、ＤＸで競合他社、異業種ライバルに先駆ける好機を迎えたと言えるだろう。

第2章

自動車産業が直面するウィズコロナのモビリティ

1　自動車産業を取り巻く論点の整理

▼不況下ながら、新車販売は影響が相対的に小さい

コロナショックは、ヒトの動きや交流が制限されることで、経済、雇用に甚大な影響と経済危機の連鎖を引き起こす代物だ。供給と需要の両面を同時に封じ込めるということと、成長力を取り戻すのに長い時間を要するところに特徴があるということは第1章で指摘した。

供給面においては、サプライチェーンが世界的に寸断され、貿易の急速な縮小も引き起こす。需要面では、ヒトの動きの停止と消費マインドの悪化の下で連鎖的な経済危機が起こり、深刻な需要後退に陥るのである。

外出制限や自粛、渡航制限の導入に伴い、人同士の交流が制限され、観光・宿泊・外食などのサービス産業への影響は甚大である。自動車のような耐久消費財も等しく影響を受ける。新車販売は消費マインドに大きく左右されるものであり、自動車産業にとって強い逆風下にあることは間違いない。一方、生活必需品、エッセンシャルサービス（社会に不可欠な仕事）、非接触型の電子商取引やオンライン上で交流が行われるサービス、いわゆる巣籠り消費関連などは非常に強い需要を享受するなど、産業間の勝ち負けがはっきりする。

興味深いのは、供給サイドの自動車生産や出荷活動は確実に急激に落ち込んだが、表面的な失業率の高さやGDPのマイナス成長と比較して、需要サイドが冷え切っているわけではないことだ。自動車ディーラーへの来店者数やオンラインでの引きあいは安定している。新車の小売りの現場の実態は、不況を極めるマクロ数値ほどは悪化していないのである。

この背景には、新車購買力の高い比較的富裕な家計に対して、コロナ不況の影響は限定的にもかかわらず、政府の手厚い補助金が幅広くばらまかれるなど、消費マインドは必ずしも大きく悪化していないことがある。そこに買い替え喚起インセンティブ、自動車メーカーが提供する低金利を活用したゼロ金利ファイナンス・プログラムが提供され、新車納入意欲を刺激している。不況下ながら、新車販売は相対的に影響が小さい。同時に、3密を避ける移動に自家用車（POV）の需要が高まっていることもある。

その結果、供給が落ちる中、需要は相対的に安定していたため、世界的に新車在庫台数が2020年6月末に向けて大幅に減少した。国内の主要自動車メーカー6社合計（トヨタ、ホンダ、日産、スズキ、マツダ、SUBARU（スバル））の4−6月期のグローバル生産台数は前年比53%も減少したのに対し、同期間のグローバル小売り台数の減少は同38%に留まった。その差は、流通在庫が減少したわけであるが、これらの会社だけでもグローバル在庫台数は100万台近く減少したと推計され、在庫不足は深刻なのである。そのため、在庫投資も含めて7月から世界の工場はフル操業に近く稼働することになった。こうした数字を示せば、不況下にあって回復する自動車産業が疾走しているかに見えるだろう。

➤エコノミストの警鐘

1930年代の世界恐慌以来最悪の景気後退とエコノミストは警鐘を鳴らすが、その痛みを感じる層とそうでない層の格差が大きい。ただし、富裕層の買い替えには限度があり、経済回復が全体需要を引き上げていかなければ早晩息切れする懸念がある。

IMF(国際通貨基金)は2020年1月予測(プラス2・9%)の世界経済の成長を同年4月にマイナス3・0%へ引き下げ、6月にさらにマイナス4・9%に下方修正している。より注目されるのは、回復を従来予想より緩やかに見込んでいることであり、2021年の世界経済の成長をプラス5・4%と予想していることだ。

この結果、2021年のGDPは新型コロナウイルス流行前の2020年1月時点の予想より6・5%ポイントも下回る見通しだ。低所得世帯への打撃は深刻で、格差社会の課題を浮き彫りにしている。ソーシャル・ディスタンスと呼ぶ感染防止の社会的距離の確保、供給能力へのダメージ、生産性の悪化などによって、景気回復ペースが鈍化しているわけだ。

経済を再開する諸国においては、特定層を対象としてきた補助金などの支援策を終了させ、需要回復のための景気刺激策や、ソーシャル・ディスタンス、在宅勤務定着の影響から、恒常的に縮小が見込まれる産業部門からの資源の再配分を実現していくフェーズが訪れる。そこに第2

波、第3波が到来するダブルヒット・シナリオに陥った場合、2021年の経済回復は大幅に遅れる懸念があるという。OECD（経済協力開発機構）の2020年6月時点での予測では、2020年のベースラインをマイナス6・0％、2021年をプラス5・2％に置くが、ダブルヒット・シナリオの場合、2020年予想をプラス2・8％と厳しく見ている。

ビフォーコロナの2019年第4四半期のGDPを起点に経済成長を見たとき、その水準に経済が回復できるのが2022年第1四半期である。インコロナを経て2020年4月から2022年4月頃までの2年間は筆者が第1章で定義したウィズコロナの期間と概ねイメージが一致する。2022年4月以降はアフターコロナの時代に入り、社会経済的な見地からニューノーマルが確立され、経済的にも自立した時期になるだろう。医学的にも、特効薬開発とワクチン普及が進む期待も高い。

OECDが指摘するダブルヒット・シナリオになったらどうなるのか。これは非常に悲観的な未来が懸念される。経済的な自立はおぼつかず、労働集約型サービス業の多くが廃業を強いられるものと思われる。政府の財政出動力には限界が訪れ、金融システムの強靭性は弱まる。打つ手がない、想像したくないスタグフレーションの世界が訪れかねない。

➤自動車ニューノーマルを取り巻く論点の整理

図表2－1は、コロナの自動車産業への影響、その後の自動車ニューノーマルの確立までの構

造変化を整理したものである。横軸にインコロナ、ウィズコロナ、アフターコロナのフェーズを定め、縦軸には、社会・経済的な見地からそれぞれのフェーズでの論点を整理した。本書のフォーカスは、次に続く自動車・モビリティの見地から、課題の整理、価値観・行動様式の変化、新しいトレンドを抽出することだ。その検証の結果として、アフターコロナの重要な論点を6つに整理しており、自動車ニューノーマルを正しくあぶりだしていくことだ。

世界はレジリエンス（回復力・復元力）のプロセスに入り、自動車産業はコロナと共生する、あるいは克服する新たな価値観の形成と行動様式の醸成をするステージに来ている。在宅勤務やリモート学習は一定の比率で恒常化されていき、公共交通への依存度を上げすぎずに、ソーシャル・ディスタンスと3密回避の移動手段を選択する。マイクロモビリティ（超小型自動車や電動キックボードなど）、自転車の活用、当然ながら徒歩での移動の増加があるはずだ。

オンライン・ディーラーの利用が活発化し、ＰＯＶの利用頻度も上昇するだろう。ただし、渋滞回避や環境保全という社会的要請との調和が必要である。在宅勤務をする環境を充実させるため、少し

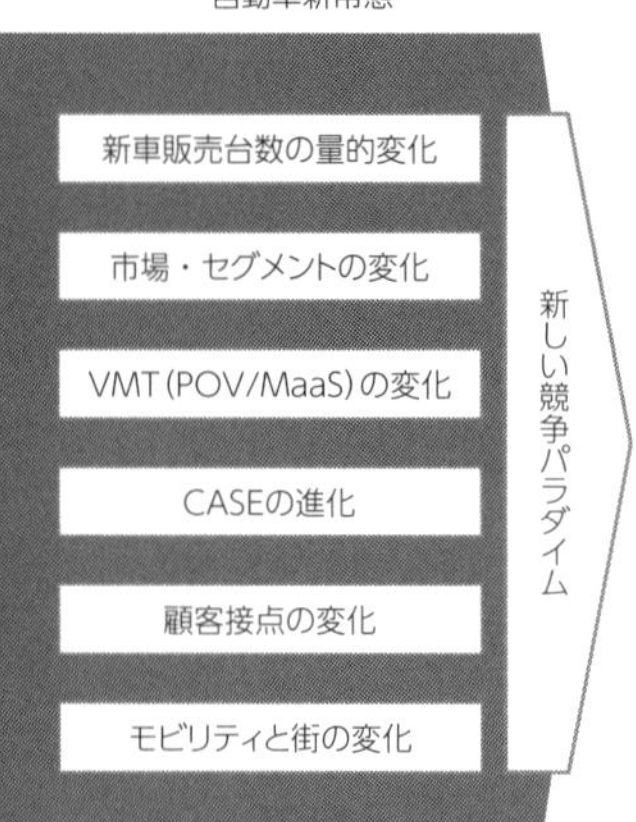

図表2-1 ● 自動車産業を取り巻く論点の整理

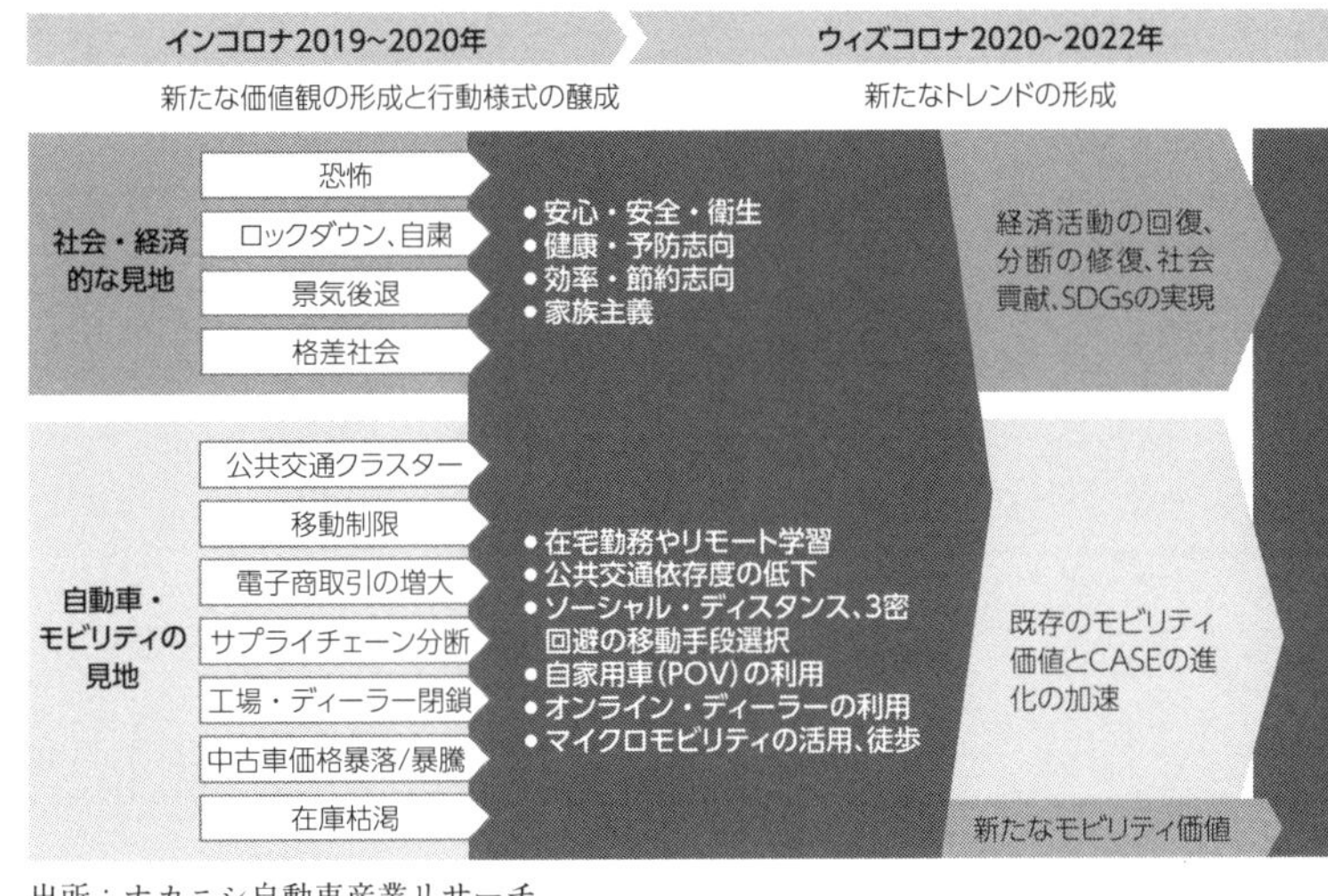

出所：ナカニシ自動車産業リサーチ

広い部屋を確保できる郊外への引っ越しも起こるだろうし、その結果として家族、余暇・レジャー重視の生活や移動体験、それに適したミニバンやSUVといったPOVのタイプの選択が始まるかもしれない。

2022年まではこういった模索が続くと見ており、価値観の形成と行動様式の醸成が徐々に新たな移動手段のトレンドの形成につながっていく。こういったトレンドは、既存モビリティの価値変化とCASEの加速に留まらず、ビフォーコロナには想定していなかった全く新しいモビリティの誕生と発展があり得るだろう。

➤ウィズコロナの新トレンドと重大変化の整理

コロナによる自動車産業への影響とは、保有台数、移動回数、移動距離、車両走行距離で見た移動の「量的」な変化は言うに及ばず、目的、デジタル化、顧客嗜好、要求されるUXという「質的」な変化も極めて大きいと考えられることは、先ほど指摘した。量的と質的の変化の両面を検討することが重要なのである。

本書では、アフターコロナの重要な論点を6つに整理して分析を進めていく。その中には、新車販売台数の量的変化、各市場やセグメントの変化、車両走行距離（VMT）成長率と自家用車（POV）／モビリティ・アズ・ア・サービス（MaaS）の棲み分けの変化、CASEの進化、自動車の顧客接点の変化、モビリティと街や暮らしの変化を含む。これらの将来予測を積み上げ、比較検討することで、アフターコロナにおける自動車のニューノーマルを適切に抽出できると考える。

同時に、ニューノーマルはさまざまな地域でその存在感が異なると考えられる。そのため、ウィズコロナで変化する諸国のモビリティ状況を比較・整理し、ニューノーマルを大きく6つの類型に分けた。この「6類型」に関しては、第4章で詳細に議論を進めていく。重要なトレンドを6つの類型で考察し、自動車のニューノーマルのインパクトを理解することが大切だ。その結果として、自動車産業は影響と対策について有益な議論ができるだろう。

「コロナで2025年がどうなるといった議論をしてもしかたがない」という批判を頂戴するこ

とがある。不確定な要素がいまだ多くあり、将来予測の確度が低いという指摘は甘受するが、どういう局面でも未来を予測し、オピニオンを提供するのがアナリストという職業である。

ビフォーコロナの状況で定めた2025年のCASE戦略はもはや有効とは考えていない。経済環境は変貌し、多くの地域において自動車とそれを取り巻く環境はビフォーコロナの認識から多大な変容を遂げ、ニューノーマルへと移行する公算が高い。先進国での在宅勤務の浸透や、脱都市化の動きは、従来のCASE戦略――都市化の進展とMaaSシフトの加速化を大前提に置いてきた――を根底から揺さぶりかねない大変化ではないだろうか。

CASE革命の本質が変わるとは考えていないが、CASE全体が加速する蓋然性は高い。さらに、デジタル・トランスフォーメーション（DX）が加速する領域の定義、ビフォーコロナに想定していなかった新しい価値やトレンドの発展、従来の考えから先行する領域、進行が緩む部分などの整理を現段階でしっかりと進めていくことが大切である。

2 これほど違う世界のニューノーマル

▼ソーシャル・ディスタンスの考えの相違

ここから主要な都市のウィズコロナの行動様式や感染防止策を整理し、モビリティの変化に及ぼす要素を抽出していく。中でも重要な要素が、ソーシャル・ディスタンスである。この言葉は2020年3月以降、耳にしない日がないほど、コロナの感染を防止するうえで非常に重要な要素となっている。これは、感染症の予防、拡散停止または減速を目的に、人と人との間に物理的な距離を取る手段である。ソーシャル・ディスタンスは実は和製英語で、英語では現在進行形のソーシャル・ディスタンシングと表現することが一般的である。

ソーシャル・ディスタンスを維持しながら移動を実現するとなると、満員の地下鉄や公共バスなどの密集した大量輸送を前提とした公共交通の概念が通用しなくなる。公共交通を用いた大量輸送で効率的な経済活動を目指してきた都市交通政策は大きな修正が必要となってくる。

ソーシャル・ディスタンスの定義は国によって大きく違うことが興味深い。フランス、イタリアでは1メートル、ドイツ、ベルギー、スペイン、中国は1・5メートル、米国は約1・8メートル（6フィート）、日本、英国、インドネシアは2メートルと差が大きい。1・5から2メートルのソーシャル・ディスタンスを恒久的に持続することは困難で、特に都市部ではほぼ不可能と考えられる。時間の経過とともに、この距離は確実に縮小していくだろう。マスク着用や3密を避けるなどの習慣を徹底し、段階的に安全を考えられる距離へ縮めていくというのが共通の理解と言えるだろう。

オーストリアは新たなソーシャル・ディスタンスのスタンダードとして90センチメートルという距離を提案している。宮代陽之・国際経済研究所非常勤フェローによれば、これは疫学的な根拠というよりは、社会的心理を考慮しかつ現実的な経済活動や効率的な移動を実現するうえで、考えられたコンセプトと言えるようだ。

➤移動におけるニューノーマルの類型を定める

ウィズコロナに入り、5月から7月の動きを観察してみて強く感じることは、都市ごとの在宅勤務比率の特性が異なることである。例えば、中国では統制という手段で感染抑制しており、在宅勤務という概念がほとんどないのに対し、ニューヨークやロンドンでは在宅勤務の恒久化が強く予想される。公共交通機関の分担率の回復度、渋滞状況の回復度の数値も都市の特性により大きく異なる。公共交通機関の利用では、公共交通での感染がクラスター化したか否かで都市の運用が大幅に違う。こうした背景に鑑み、本書の特徴的なアプローチとして、都市ごとのデータを比較・解析することで、ニューノーマルの類型を定め、特性の整理と自動車とモビリティへの影響の検討を行う。

公共交通分担率に関しては、都市ごとにさまざまな分析手法があるようだ。日本では国土交通省が2018年に実施した「パーソントリップ調査」において、A地点からB地点へと移動する単位をトリップとし、その1回の移動で複数の交通手段を乗り換えても1トリップと数えている。1回のトリップで複数の交通手段を乗り換えた場合、その中の主な交通手段のことを代表交通手段として、全体のトリップ数に占める代表交通手段の分担率を計算している。ある人が埼玉県の自宅から東京・千代田区のオフィスまで通勤した場合、代表交通手段は鉄道ということになる。[2]

２０１８年の東京都市圏の調査では、鉄道・バスなどの公共交通機関分担率が36％、自動車が27％、自転車が13％、徒歩23％、その他０％となった。これはビフォーコロナの姿であるが、このデータとグーグルが提供しているポストコロナの移動変動率を示した「Community Mobility Report」の変化率をかけ合わせれば、現時点でのポストコロナの公共交通機関分担率の推計値となる。また、同調査の住宅、オフィスの移動変化率から在宅勤務の実施率の推計も可能だ。こういったデータをかけ合わせることで、世界中の移動におけるニューノーマルの類型を定めることが可能となる。

▼公共交通クラスターの有無で大きく変わる都市間の移動量

公共交通の利用回復率に関しては、クラスター発生の有無で、都市間に大きな相違が生まれている。公共交通機関で大きなクラスターが発生した英国、米国では、公共交通機関の恒久的な利用低下は不可避と考えられ、一定のソーシャル・ディスタンス、乗車率の管理が徹底される見通しである。一方、日本やフランスなど公共交通機関でクラスターが発生しなかった地域では、感染防止対策と乗車マナーの徹底を前提に、公共交通の利用回復を目指す。こういった交通政策は都市のモビリティの変化、自動車の保有構造に大きな影響が予想される。

図表2-2 ● 主要都市の駅利用状況（平常時2020年1月に対する比率）

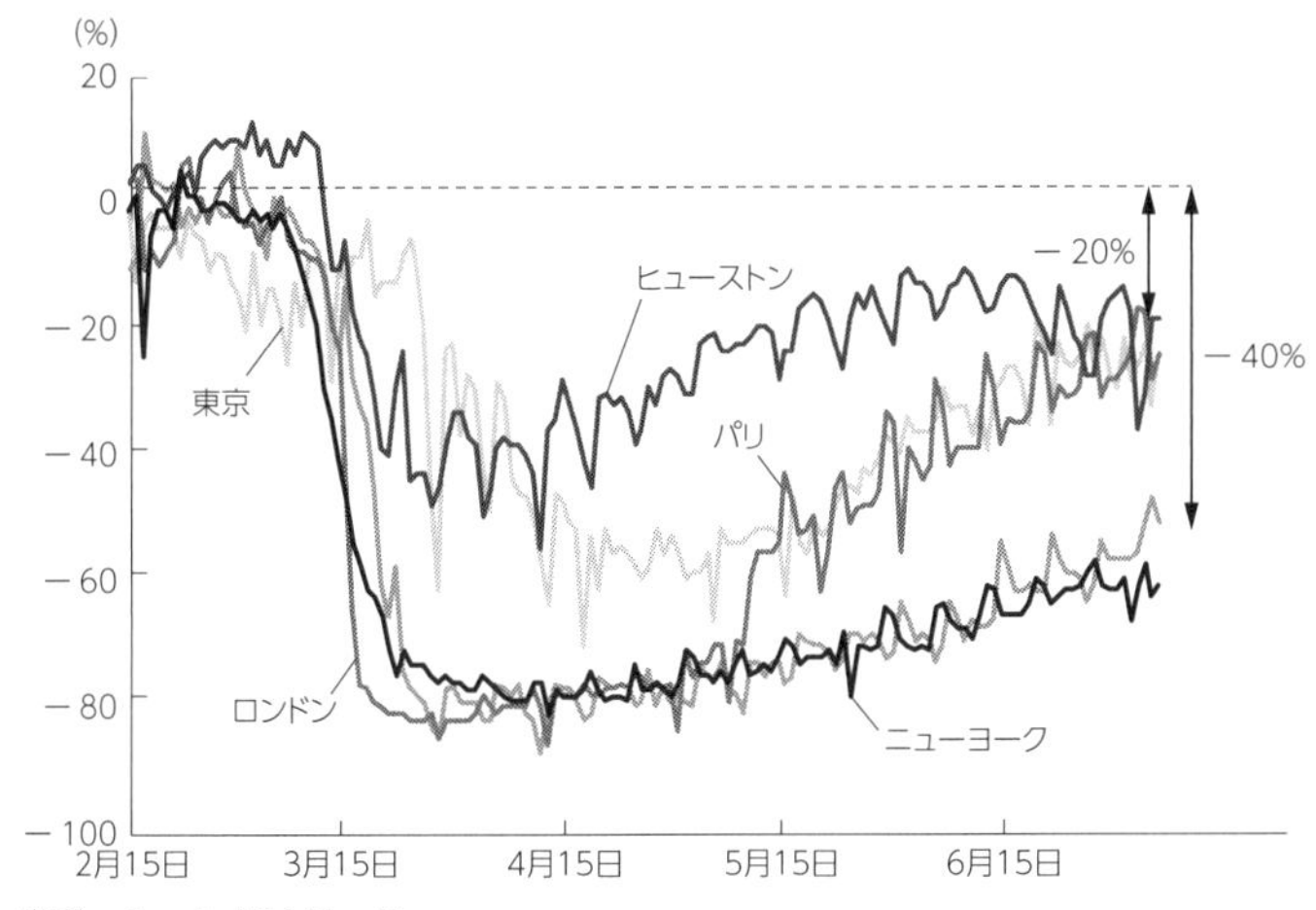

出所：Google Mobility Report

ニューヨーク州で公共交通を運行する独立法人MTAでは、2020年4月21日時点で従業員5万人のうち2400人が新型コロナのPCR検査陽性となり、コロナ関連死亡者が5月28日時点で100人以上発生し、4000人が離職した。こうなると運行は命懸けである。この結果、MTAは夜間運休を実施し、地下鉄は乗車率15％以下に制限する施策を実施してきた。6月5日に「Action Plan for a Safe Return」を発表し、段階的な回復フェーズに入ってはいるものの、グーグルの「Community Mobility Report」によれば、乗り換え駅利用率は7月15日〜7月22日の平日5日間の平均でも1月比61％減と非常に低迷している。

ロンドン市の状況も厳しかった。5月2日付のニューヨーク・タイムズは、バス運転手28人を含む37人の公共交通機関の職員が新型コロナウイルスで死亡したと報じている。バスの運転席をテープで区切り、乗客に中央のドアからのみ乗降するよう義務付けた。地下鉄の乗車定員を70～90%に制限し、2階建てバスは20人、通常バスは6～10人に制限するなどの措置を実施してきた。ソーシャル・ディスタンス確保、駅への入場制限の実施など、感染防止策を重視した交通政策が敷かれる。

一方、パリでは地下鉄、路面電車、路線バスのいずれでもクラスターが発生しなかった。マスク着用を義務付けることや、朝夕の公共交通機関の利用は通勤客などに限るといった制限やマナー強化はあっても、ロンドンのような厳しい制限は設けていない。日本の各都市も重大な公共交通クラスターは発生していない。利用者のマナーの徹底化（マスク着用の徹底、最小限の会話）と換気の合わせ技で、電車やバスの公共交通での感染拡大リスクを最小化し、公共交通利用を継続させる施策を取る。入場制限や乗車率規制なども厳密に実施していない。

▼在宅勤務の受け入れも都市国家で大きな差異

グーグルの「Community Mobility Report」では「住宅」と「オフィス」の利用率の変化を見ることもできる。ここでの「オフィス」の利用減少率は、いわゆる在宅勤務の推定値として活用できる。これを在宅勤務比率としてトレンドを図表2－3に示した。

コロナの感染が拡大して以降、ロンドン、ブリュッセル、マドリード、ニューヨーク、シカゴ

図表2-3 ● 主要都市の在宅勤務利用状況（平常時2020年1月に対する比率）

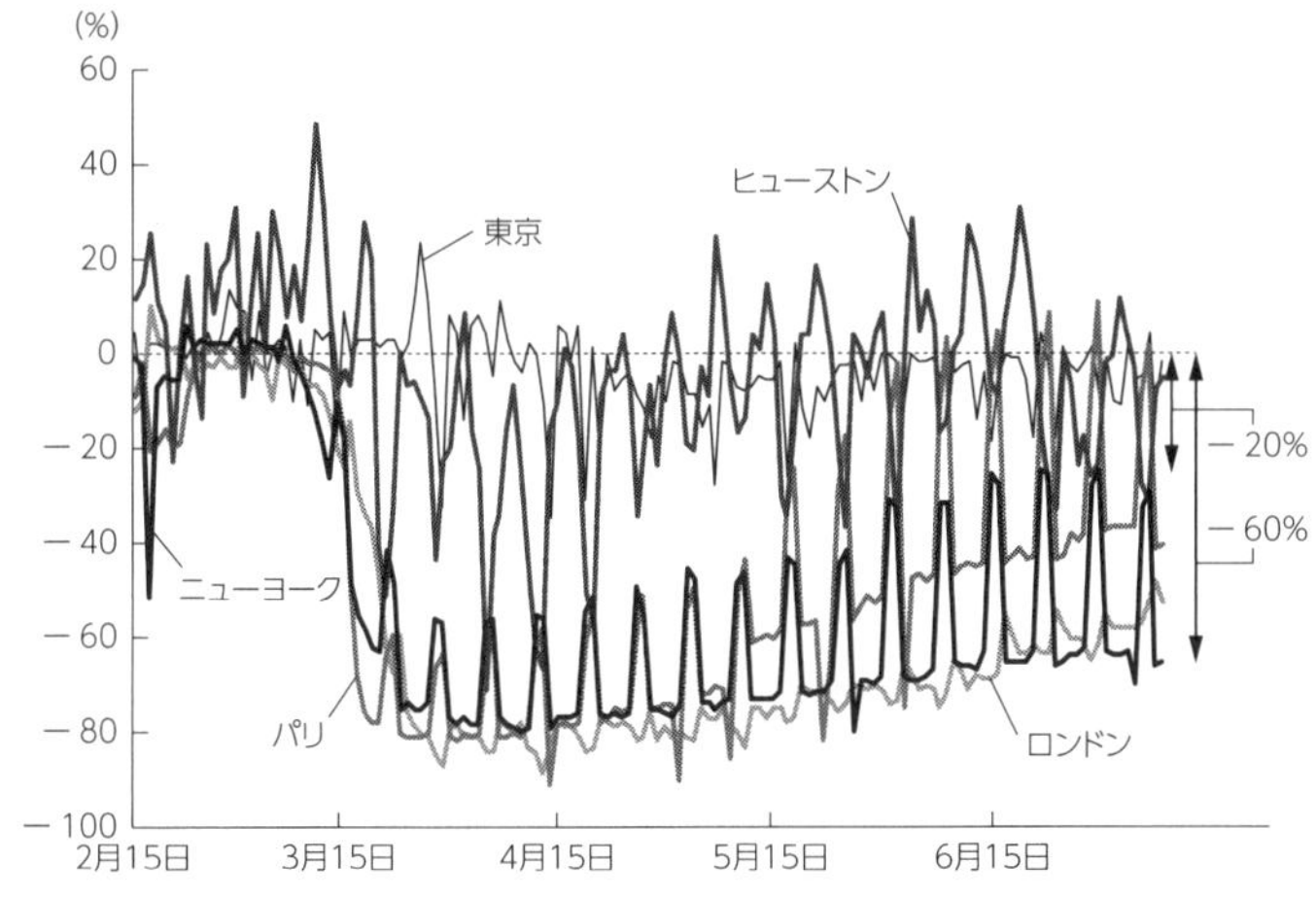

出所：Google Mobility Report

では40％以上の在宅勤務比率で安定化している。それに対し、東京、大阪、バンコク、ミュンヘンなどは20％前後と相対的に低い。中国のデータを入手することは困難だが、ほとんどの都市で一部のＩＴ企業を除いて、在宅勤務は社会概念として存在しておらず、従来通りオフィスに通勤しているようだ。所得水準、ＩＴインフラ、労働／資本／知識集約型などの社会構造の差異が存在し、いわば非接触型のデジタル社会の許容性の差異につながっている。このように、ポストコロナにおける在宅勤務の受け止め方は世界でまちまちなのである。

アフターコロナにおけるニューノーマルとして、非接触型社会の台頭とともに先進国において在宅勤務とインターネットを介した電子商取引（ＥＣ）はパラダイムシフトとなるだろう。モビリティ領域への影響も多大であり、都市中心部での移動量の減少、代替交通手段の台頭と合わせ、暮らしがある郊外では移動回数、移動距離、車両走行距離で見た量的変化、デジタル化、UXという質的変化につながる。一方、在宅勤務が普及しない地域、特に中国市場ではアフターコロナのモビリティの変化も限定的に留まる公算が高い。

3 世界の都市交通政策

▼ソーシャル・ディスタンスと欧米で広がる車両通行制約

欧米では、インコロナからウィズコロナにかけて、都市交通で多様な緊急措置が講じられた。5月にOECDが発行した「Re-spacing Our Cities For Resilience」レポートによると、感染予防のために十分なソーシャル・ディスタンスを移動中に確保できるよう、Light Individual Transport Lanes（LIT）と呼ばれる緊急的に設置された歩行者、自転車、マイクロモビリティ向けの専用道路インフラが世界の都市に広まった。

2020年3月中旬にベルリン、ボゴタ、メキシコシティ、ニューヨークなどの都市で先駆けて導入され、4月下旬で150以上の都市にLITが広がった。自転車専用道路、歩行者専用道路なども含めて、何百もの都市に拡大している。歩行者や自転車を優先し、車両のアクセスや制限速度を低速に抑える「スローストリート」「セーフストリート」の拡大が進んだ。

確かに、ウィズコロナの回復局面で緊急的措置は緩和や撤去も始まっているところもある。一方、スペインやイタリアなどでは、感染防止を進めるために大規模なLITインフラの運用をむしろ拡大し、将来的に都市空間を根本的に再構築するための政策へ展開することを目指しているようだ。こういったLITの恒久化は、都市部のMaaSの在り方に非常に大きな影響を与える。

さらに、モノの移動方法の変容という意味で、広域の車両制限は大きな意味がある。車両の走行制限、車両速度の時速20キロメートル制限が広域にわたるとき、無人の自動配送ロボットやシャトルの普及促進との親和性が高い。自動運転配送システムは歩道中心から車道へと展開する動きが加速するだろう。同時に、ロボタクシーの都市部への社会実装もハードルが下がる。

ブダペスト、ダブリン、グルノーブル、モンペリエ、ティラナ、オークランド、バルセロナ、ボゴタ、イル・ド・フランス（パリ）地域、リマ、ニューヨークシティ、キト、ローマ、モントリオール、ポートランド、サンディエゴ、サンフランシスコ、ウィーンなどなど、多くの欧米の都市では新生活様式や新交通方式における広範囲な変容を示した。

日本ではソーシャル・ディスタンスよりもマナーや規律を社会で徹底維持することで、公共交通手段の有効活用と現存する道路配分の維持を目指しており、これといった政策変更にはつながっていない。コロナ禍の最中に実施された東京都知事選挙でもここに関わる政策論争はほとんどなかった。すなわち、日本にはソーシャル・ディスタンスによるモビリティの大きな構造変化は起こらない。やはり、夏の猛暑が厳しい日本やアジアで自転車通勤をコアに据えるということはあまり現実的でないのだろう。

➤ミラノ市の新プロジェクト「Open Roads」

壮大な例はミラノやブリュッセルで展開されている。イタリアはコロナのパンデミック化の震源地となり、一時は国家存亡の危機にまで追い込まれた。回復を持続可能なものにするため、ソーシャル・ディスタンスを徹底してきた。コロナ感染者は大幅に減少し、震源地となったロンバルディア州でのコロナの死亡者数は2020年8月時点ではほぼゼロに近づいている。ウィズコロナに入ってからの新規感染者数は、世界的に最も少ない国のひとつとして称賛されているのだ。

イタリアの厳しい都市ロックダウン政策は段階的に解除され、行動の自由は少しずつ回復している。しかし、企業では在宅勤務の継続が推奨され、小売店舗の営業時間は相変わらず分散化が奨励されており、密集回避が徹底されている。学校は授業開始時間の分散化やサマースクールの活用が要請されている。特に、自家用車の利用に強い制限を設け、許可制で使用し速度制限も厳しく設けられてきたのだ。

ロックダウンがフェーズ2へ緩和されることを受け、ミラノ市では「Open Roads」と銘打っ

図表2-4 • ミラノ市の新プロジェクト「Open Roads」

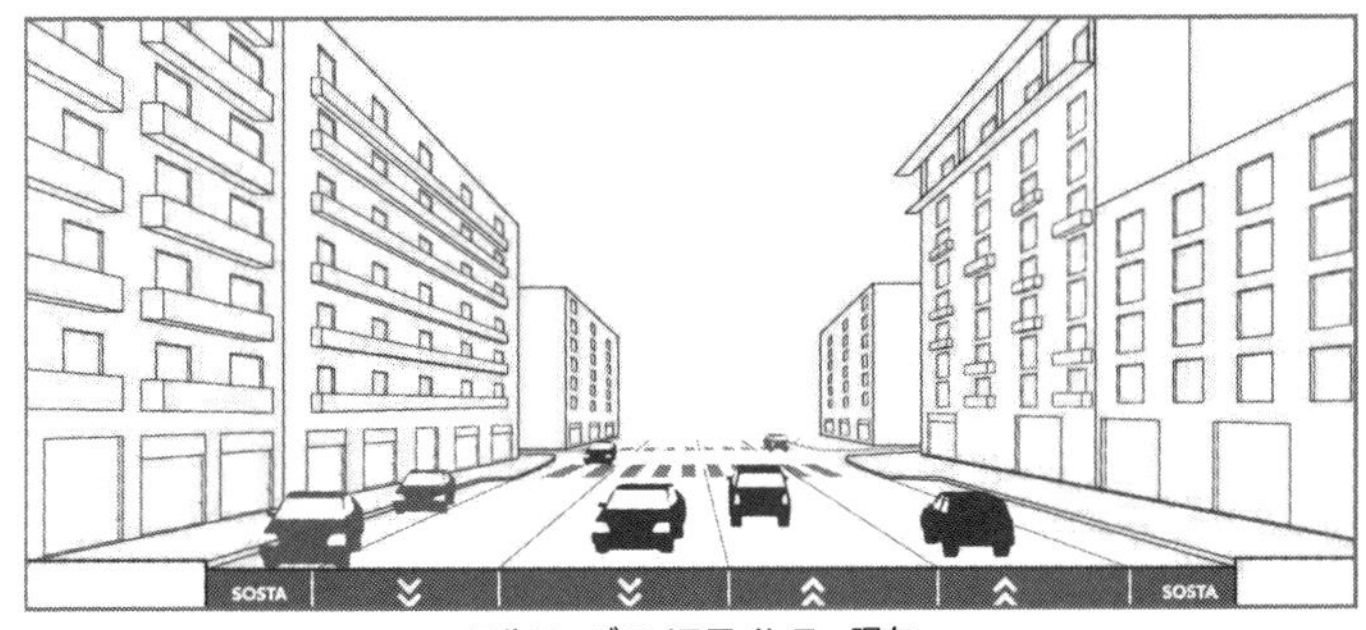

コルソ・ブエノスアイレス　現在

コルソ・ブエノスアイレス　計画

出所：ミラノ市資料

た大規模なＬＩＴプロジェクトを発動させている。この計画は、自転車レーンと歩行者エリアを増加させ、総延長35キロメートルの道路の一部を自転車専用道路と歩行者エリアに変換する。スキームには、時速30キロメートルに制限される自動車移動ゾーンの拡大、歩行者、自転車、マイクロモビリティ専用エリアの拡大が含まれる。ロックダウン緩和に伴う、自動車の使用を抑制することと、市民の移動に十分なソーシャル・ディスタンスを提供することが目的だ。

非常にアグレッシブな実験を実施しているのが、道路の一部を住民の生活活動スペースに転換する「Brussels Residential Area」と呼ばれるブリュッセル市のプロジェクトである。2020年9月1日から、ペンタゴンと呼ぶ市中心部の大部分を歩行者専用ゾーンに指定し、歩行者は、歩道だけでなく、車道のすべてを使用できる。許可車両の通行可能ゾーンにおいては、車両には時速20キロメートルの速度制限が設けられる。車両の時速20キロメートル制限は2020年5月以降実施されてきたが、これが翌年3月まで時限延長されることになった。恒久化も検討されるだろう。

▼大気汚染とコロナ死亡率の因果関係

欧州ではポストコロナの重要な論点として、ロックダウン解除後に大気汚染の防止をいかに実現するかがある。ロックダウンの結果として都市部の大気汚染緩和があった。経済活動を回復させながらも、環境を元には戻したくない。都市部の自動車へのゼロ・エミッション化を進める政策が一段と推進される可能性があるのだ。

大気汚染の問題とコロナによる死亡率の因果関係に関した研究が世界的に報告されている。イタリアでも同様な調査が多くあり、シエナ大学の研究グループではイタリア全土の致死率は約4・5%であるのに対し、大気汚染の激しいロンバルディア州とエミリア＝ロマーニャ州の致死率は約12％と3倍近くも高いという報告を実施している。[3] ハーバード大学の米国内の調査報告でも、PM2・5が1μg／㎥増加することで、コロナの死亡率は8％増加すると分析結果が報告されている。[4]

▶パリ市：都市部への「Zone 30」化への取り組み

こうしたプロジェクトの中にはコロナ以前からの取り組みの延長線上のケースも多く、パリがその好例となる。大パリ都市圏イル・ド・フランスはフランス総人口約6600万人の約18％が集中している。このイル・ド・フランス全域に総延長650キロメートルの自転車専用路のネットワークを拡張中である。さらに、「Zone 30」と銘打ち、主要道路を除くすべてのパリの道路を速度制限を時速30キロメートルとする区域を広げている。パリ市のアンヌ・イダルゴ市長は、2024年までに誰もが自動車を利用せずとも15分で仕事、学校、買い物、すべての街の機能にアクセスできる都市を目指すと宣言している。

パリ市内は公共交通が発達しているものの、ストライキなどの頻度が高く、意外にクルマで通勤する人が多いため道路渋滞の問題も深刻だ。パリのビフォーコロナの公共交通分担率は30％程度と推定され、欧州大陸都市の中では意外に低めである。都市環境の改善を目指し、自動車の利用を制限し、ゼロ・エミッション化を推進する都市政策をさらに推し進める契機となっている。

4 大都市合計の公共交通のトリップ数は激減へ

▼在宅勤務定着の都市交通への影響

ここまで大きくスペースを割き、世界の都市で起こっているポストコロナの交通政策の現状を解説してきた。その目的は、都市部を中心に起こり得る大規模なモビリティの変化の理解を容易にするためである。日本に暮らしていると在宅勤務の比率は欧米ほど高くはなく、地下鉄やバスの利用はマナーを徹底すれば安全だという認識が多い。これではコロナが引き起こす自動車のニューノーマルは多大な変化とはならない可能性がある。しかし、世界レベルではより大きな構造変化が起こり得る現実を把握しておきたいのである。

在宅勤務の普及は国内でも一定の水準が定着するだろうが、世界レベルでは相当大きな規模で普及する可能性が高い。在宅勤務の恒常化は都市交通移動へ重大な影響を及ぼすだろうし、暮らしがある郊外においても多大な変化が起こりうる。また、3密回避のため公共交通の利用を回避し、ポストコロナの公共交通分担率が低下するとなれば、その代替交通手段も求めていかなければならない。ＰＯＶ、ＭａａＳ双方の領域で起こりうる構造変化を予測するうえで重要な因子なのである。

図表2-5●公共交通から押し出されるトリップ回数

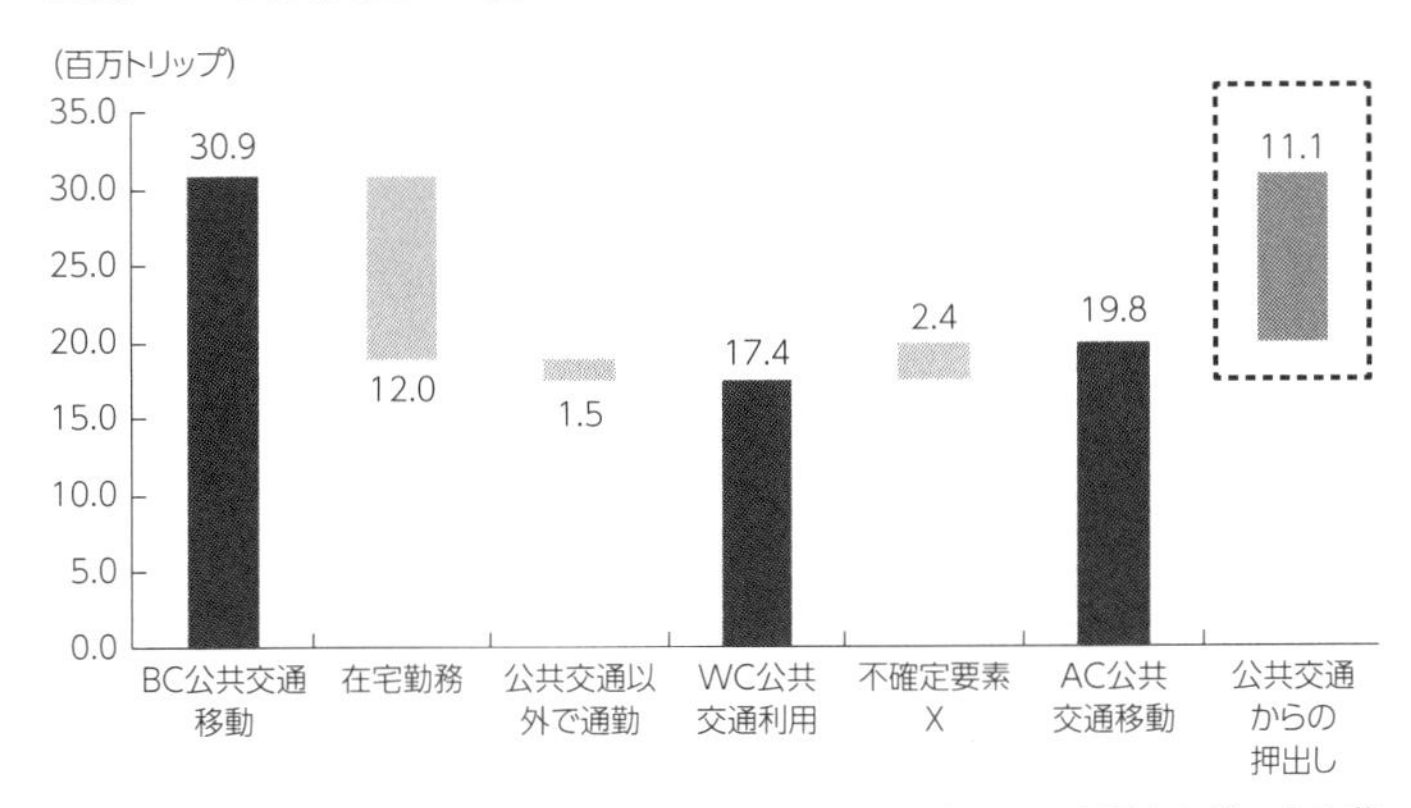

出所：Global Google Mobility, International Transport Forum, MTAのデータを基に、ナカニシ自動車産業リサーチ

図表2－5は、東京、ニューヨーク、ロンドン、パリの4大都市の公共交通から押し出されるトリップ回数の規模を推計したモデルである。先進国型の都市部のモビリティの変化を理解するためのマクロモデルだ。まず、在宅勤務の恒常化は都市交通移動に重大な影響を及ぼし、ビフォーコロナの公共交通トリップ数に職場への移動率の減少を乗じ、1日あたり1200万トリップ減少させる規模と試算される。

次に考慮しなければならないものが、通勤を続ける場合も、公共交通を避けて自家用車への移行やその他の代替交通手段に切り替える集団の存在だ。在宅勤務と乗り換え駅の減少率はオーバーラップしているが、多くの都市データで乗り換え駅の減少率は在宅勤務の比率を超えている。この差を、通勤を継続し公共交通利用を避けるトリップ数の試算のベースとする。最低150万トリップが公共交通以外の移動を選択する可能性があり、実際にはもっと大きい可能性がある。

これだけでも、ビフォーコロナに1日あたりで3090万回のバス・地下鉄のトリップ回数が1740万回に減少する公算となる。時間の経過とともに、通勤も公共交通利用もある程度は回復してくるだろうが、この大規模な変容のトレンドが変わることはないだろう。

図表2－5には不確定要素Xとして、余暇拡大、家族志向など、都心部での活動拡大の中で公共交通を利用することによるトリップ数の増大も考慮している。ウィズコロナの公共交通利用の約20%を不確定要素Xとして仮置きしているが、ここは今後より精査した試算が必要だ。こういった不確定要素Xを考慮しても、都心部の公共交通は4都市合計で1日あたり1110万回、約40%減少する公算である。

都市別には、ロンドンが470万トリップ、ニューヨークが390万トリップと大きく、東京は210万トリップ、パリは120万トリップと規模が小さくなる。変化率では、ロンドン48%減、ニューヨーク52%減、東京26%減、パリ22%減と、ロンドン、ニューヨークの減少率は甚大である。

▶マイクロモビリティの市場性は飛躍的に拡大

都市別のマイル別トリップ数の構成比をみれば、米国では3マイル（1マイル＝1・6キロメートル）以上が全体の58%を占めており、こういった長距離の移動には自動車が不可欠であり、アフターコロナでも米国のクルマ社会が大きく変質するものではないだろう。一方、欧州では英国・ドイツの主要都市では2マイル以下のトリップが全体の50%以上を占める。公共交通の受け皿として、マイクロモビリティの利用が加速する構造がある。先に述べた通り、コロナは欧州を中心にカーフリーゾーン、ゼロ・エミッション車両への転換、市内走行の車両の速度の低速制限化という都市交通政策が大きく動き出している。

米国でも、2マイル以下の移動は、米国の全トリップ数の36%あり、電動キックボードといったマイクロモビリティ、いわゆる〝チョイ乗り〟市場が2018年から急成長してきた。米国ではミレニアル世代を中心に、ライフスタイルにおける自己主張の手段として大ブームとなった。日本は道路交通法上、電動キックボードは原動機付自転車に該当する。このため、公道で走行するにはウィンカーなど保安部品のほか、ナンバープレートを取り付け、運転免許証を携帯する必要がある。

地下鉄のような大量輸送に替わり、マイクロモビリティが受け皿になることは不可能であるが、都市部の移動を支える選択肢のひとつとして、アフターコロナのニューノーマルでは、同市場には大きな将来性が生まれてきている。米国ではＬＩＭＥ、ＢＩＲＤ、日本国内では将来的に電動キックボード市場を目指すＬｕｕｐ（ループ）の評価が大きく伸びている。

ループ社は都内での営業拡大資金として、コロナ禍の最中にあった2020年6月、7月の投資ラウンドで累計8億5500万円の資金調達を実施した。2020年5月25日から電動アシスト自転車のシェアサービスを渋谷・目黒・港・世田谷・品川・新宿の6区で開始している。

電動キックボードは、ニューヨーク、シンガポールなどの多くの都市で禁止されている。2018年以降米国、欧州で爆発的なブームが訪れたが、事故に加え放置問題が街の美観を大きく損なうという課題が表面化した。その結果、世界的に規制強化の揺り戻しが生じている。また、人手を使い回収して充電する手間とコストの問題もあり、事業の収益化も困難である。

電動キックボード企業は、規制遵守や社会の秩序厳守の壁を乗り越えなければならない。コロナ禍の中で、電動スクーター市場の重要性が見直される好機を得た。都市ニーズに適したコンプライアンスルールを確立し、開発・運営の再構築が望まれる。そうした流れと同調し、電動スクーターの再導入を検討する都市が増加していくことが期待できるだろう。

第3章

ファーストイン・ファーストアウト

——中国先行事例の研究

1 中国市場は世界の新車生産・販売回復を先導

➤新車回復のタイミングを支配したファーストイン・ファーストアウト

中国でのコロナ感染第1波からの脱出と、その後の封じ込めには驚きの成果が見られる。もうひとつ、中国と国境を接し、あるいは海を挟んだ近隣にある日本を含めた東アジアの諸国の感染率や致死率の低さは不思議な現象だ。「ファクターX」と呼ばれるいまだ解明されていない疫学的要件は間違いなくあるようだ。

自動車アナリストの立場として、感染拡大による自動車の生産や販売活動への影響を追い、産業や企業業績への影響を分析する中で、当初から強く意識してきたことは、原価会計学の基本である「先入先出法（ＦＩＦＯ）」、いわゆるファーストイン・ファーストアウトのパターンで自動車産業へ影響が波及し、先に回復へ転じているということだ。２０１９年12月の中国での発生を起点に、北半球を西回りで欧米に感染を広げ、南半球でも西回りで感染を広げ、東南アジア、インド、中近東の自動車産業に強く影響した。

疫学的に意味のある話ではないのだが、結果として自動車産業はこの経路と時間軸で、影響が顕在化した。本書を執筆している２０２０年夏、新車の生産・販売活動が中国では大幅に前年を上回り、欧米は減少率を急速に縮めている。日本、東南アジア、南アジア、中近東、アフリカ、南米はいまだ前年を大幅に割り込んだままだ。

検疫強化の時期、ロックダウンの厳密さ、接触削減率の目標差、3密回避重視など、各国の取り組みや封じ込め戦略は様々であったが、結局のところ、ファーストイン・ファーストアウトが世界各地域の自動車産業の回復のタイミングを支配することとなった。

➤日本自動車産業の悪夢の再来か

コロナは2020年1月23日の武漢市封鎖のニュースで世界を震撼させ、2月の時点では、武漢市の感染状況は壊滅的、そして周辺に位置する浙江省、広東省、湖南省など自動車産業の一大集積地への感染拡大がもはや不可避の情勢に見えた。

その頃、筆者は経済産業省の製造産業局自動車課を訪れ、コロナによる自動車産業への影響見通しに対する意見交換を行った。会話は際どく緊張感に包まれていたことが記憶に残る。なぜなら、このまま中国の感染拡大が深刻化すれば、世界の中で日本の自動車産業に対して集中的かつ壊滅的な問題が発生する懸念があることを認識していたためだ。

感染者数から危険度をレベル1からレベル5まで省ごとに分類し、危険度の高いレベル1(湖北)からレベル2(広東、河南、浙江)にある自動車生産体制を調査した結果、判明したのはこれらの地域に日本の自動車産業が極端に集積していたことであった。同地域に位置する完成車生産能力は、中国自動車産業の平均では30％に留まるのに対し、日本の自動車産業は実に71％も集中していた。もし、広東省、河南省、浙江省が武漢と同様な感染度に陥ったとき、不幸にも日本の自動車産業へ被災が集中することは明白であった。東日本大震災やタイの大洪水の時と同じように、最も壊滅的な影響を受ける結果、グローバル競争力を削がれる悪夢が再来しかねない状態であった。かたずを飲んでその情勢を見守ったものである。

➤コロナがもたらした22カ月ぶりの新車回復

ところが、中国における感染封じ込めは想像を超えて早く効果を発揮し、信じられない早さで回復を遂げたのであった。日本の自動車メーカーの回復も早かった。トヨタ自動車は、2月17日から広東省・吉林省の工場、18日から天津市の3拠点を再開し、24日から四川省拠点を含めて中国すべての工場稼働が再開された。実に、3月半ばにどこよりも早く通常操業へ回復した。日産自動車は花都工場、大連工場、鄭州工場を2月17日に再開し、3月23日には概ね通常操業へ回復した。武漢市に主力工場を持つホンダは武漢工場の再開が3月16日とやや出遅れたが、4月半ばまでには通常操業となった。

当初は、帰省した生産人員が、生産現場に戻っては来ないのではないかという懸念があった。また、感染が中国から世界に波及したため、中国国外から調達する電子部品をはじめとするサプライチェーンの寸断が起こり、中国の生産活動の再停止が起こるのではないかという懸念もあっ

図表3-1●中国SAARと世界SAARの回復トレンドの差異（単位：千台）

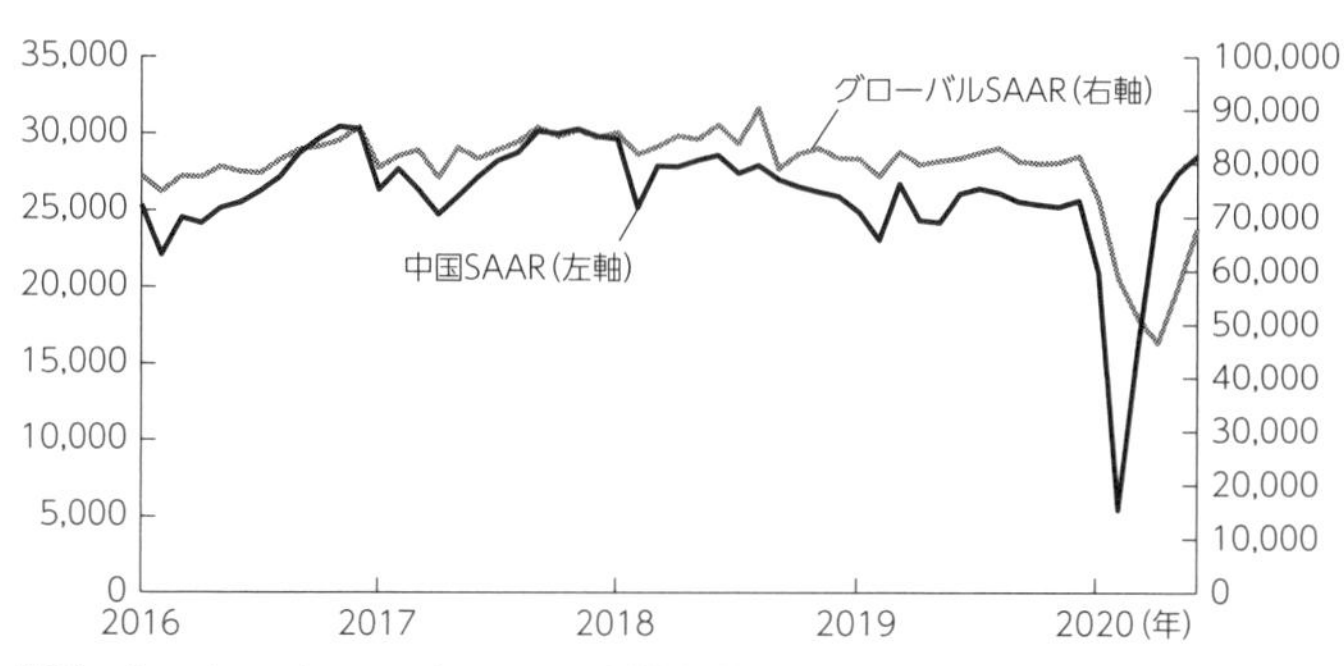

出所：Autodata, Automotive news, ACEA, JAMA, KAMA, CIA, TAIA, CAAMの情報を基にナカニシ自動車産業リサーチ作成

た。こうした心配を振り切って、中国での自動車生産は驚きの回復力を示したのだ。ほとんどの省において、５月頃には自動車のみならず全産業の工場再開率は１００％に達している。

驚きは、生産現場だけに留まらず、新車の販売現場にもあった。ロックダウンが解かれるや否や、中国消費者はオンラインの新車購入支援サイトを検索しまくり、新車ディーラーに殺到してきたのだ。

世界の新車需要を強くけん引しているのが中国ＳＡＡＲ（季節調整後年率換算レート）である。ロックダウンの解除後、４月の中国新車販売台数は前年同月比４％増へ実に２０１８年６月以来のプラスに転換した。５月、６月は2桁の成長を続けてきた。この背景には、商用車需要の増大、都市部での高級車販売増加、地方の小型車の販売がある。

中国自動車販売は２０１８年以来、構造的な調整局面にあり、18年６月以降減少トレンドが続いていた。

底打ちは望めてもその後も低成長しか望めない「低成長時代」の到来、というのが中国新車販売ニューノーマルに対する市場関係者のコンセンサスであったのだ。コロナのお陰と表現しては不謹慎であるが、4月のプラス転換は実に22カ月ぶりの出来事であり、2桁成長というのも25カ月ぶりのことであったのだ。その後も8月まで4カ月連続で2桁成長が続いているのである。

▼新車需要刺激策は中央主導から地方政府主導へ

背景には、中央政府や地方政府が実施した、コロナからの復興を目指した経済対応による、販売支援策が強く奏功している。具体的には、コロナから経済を再興するための商用車需要の増大、都市部での高級車販売増加、地方の小型車の販売増加が自動車消費拡大をけん引している。一方、補助金が減らされてきた新エネルギー車(NEV)販売は不振が続いている。

リーマンショック直後では、中国の大規模な新車購入補助金や、小型車の自動車税カットの政策が新車需要を喚起し、世界経済の回復をけん引したことが思い出される。コロナでも同様の国家レベルの大規模な政策発動を期待する声があったことは事実であるが、中国政府は全く違う戦略をとってきた。国家発展改革委員会など11部門が連名で「自動車消費の拡大のための措置に関する通知」を発表するも、新車購入の補助金や需要喚起策の主導権は地方政府(州・市)に委ねた小規模な対策を進めたのだ。

2020年内で打ち切りとなるはずであった、電気自動車(EV、燃料電池自動車は含まない）などＮＥＶ向けの補助金や購置税の減免政策を、２０２２年末まで延期する決定や、コストアップにつながる「国６」と呼ばれる排ガス規制の、２０２０年7月1日からの全国導入を遅らせること、「国３」以下のディーゼルトラックの１００万台規模の廃車方針など国家レベルの決定事項はあった。しかし、需要をけん引しているのは、ナンバープレート規制（都市部を中心に新規車両登録に必要なナンバープレートの発行量の規制）を一時的に緩和し、枠を追加するという新車購入への補助金を投下した地方政府の施策であった。

▶回復を主導する高級車と地方のチョイ乗り

ナンバープレート規制に関して補足すれば、沿岸部の大都市圏では交通渋滞や環境汚染の緩和とＮＥＶの販売促進を狙った、ナンバープレートの新規発行規制を実施してきた。ＮＥＶ購入であれば優先的に新車登録に不可欠なナンバープレートが給付されるが、ガソリン車を購入しようものなら、例えば北京市では抽選に当選する確率は０・１％以下と言われるほど不可能に近い世界で、ＮＥＶ以外の車両販売を目の敵とした政策であった。

コロナからの経済回復を目指す中で、国家発展改革委員会は3月にナンバープレート規制の解除を奨励することを発表した。北京市を除く、同規制を採用していた各大都市はナンバープレートの追加発行を実施した。その対象車をＮＥＶに限定しなかったことで、大都市に住む富裕層が千載一遇のチャンスとばかりに高級車購入に殺到した。これがポストコロナの中国で高級車がバカ売れしている大きな要因だ。ドイツ車は大きく市場シェアを上げ、貿易戦争に直面している米国車がその割を食う結果につながっている。

地方政府は地域経済に有利となる補助金政策を打ち出す傾向がみられた。省内で生産された車両に限定した補助金政策や、地方に限定した取得税減免などが数多く地域限定で発動された。中国における行政区分の中で規模による階級分けがあるが、都市の中で最も小規模な5級都市では、これを受けていち早く新車販売がプラスに転じている。バスなどの道路の公共交通機関を避け、自前で運転する自家用車（ＰＯＶ）としてチョイ乗り的な小型車の販売が好調である。

▼ＮＥＶは苦戦が続く

こういった好調な高級車や地方の小型車は内燃機関（ＩＣＥ）を搭載した車両が多く、厳しいＮＥＶ販売に拍車が掛かる結果となっている。

確かに中国のＮＥＶ市場は過去5年間で劇的に成功し、２０１５年に33万台にすぎなかった市場規模は、２０１８年に１２０万台へ4倍も拡大した。世界で販売されるＥＶ、プラグイン・ハイブリッド自動車（ＰＨＥＶ）の市場の2台に1台は中国で生産され、かつ消費されている。

しかし、後述するＮＥＶの生産で生まれるクレジットの取引益をベースに置いたＮＥＶ普及政策は近年うまくいっておらず、ＮＥＶ購入へ付与される補助金の削減と連動し２０１９年以降失速し始めた。２０２０年に入っても１〜7月累計で前年同期比33％も減少しているのである。

ここで少し読者のＮＥＶ政策への理解を深めるために、中国の燃費規制（ＣＡＦＥ規制）と新エネルギー車規制（ＮＥＶ規制）の簡単な内容と、若干複雑であるがそれらを同時に管理するダブルクレジット制度の説明を加える。自動車ニューノーマルでは電化（ｘＥＶ）の加速が予測されるだけに、中国でのｘＥＶ政策の理解は重要である。これだけ中国ＮＥＶ政策がメディアで話題に上っても、その仕組みを正しく理解している人は実際には少数である。

クルマの環境規制には、①身体に直接的な害のある大気汚染を解消するための排気ガス規制、②地球温暖化対策とし温室効果ガス（ＧＨＧ、代表例は二酸化炭素CO_2）排出量を減らす燃費規制（企業の平均燃費で管理するＣＡＦＥ規制が一般的）、③米国カリフォルニア州のゼロ・エミッション車（ＺＥＶ）と中国の新エネルギー車（ＮＥＶ）規制のように、走行中にCO_2を排出しないＮＥＶへ一定比率を強制的に置き換えていく、という3つのアプローチがある。中国では、排気ガス規制には先述の「国6規制」、燃費規制に「ＣＡＦＥ規制」、強制的置き換えに「ＮＥＶ規制」が施行されている。

その中で、ＣＡＦＥとＮＥＶを統一管理するダブルクレジット制度が特徴的でかつ難解である。コロナ禍の最中にあった2020年6月22日、中国工業情報化部は、長年検討を続けた2021~2023年のＮＥＶ要求比率とダブルクレジット運用方針を開示した。その中で、トヨタ自動車が得意とするハイブリッド車（ＨＥＶ）が「低燃費車」のカテゴリーとして認められ、ダブルクレジット運用上一定の優遇措置が決定した。

国内メディアはハイブリッド車がNEVに認められた、中国環境車政策転換へ、とややミスリーディングな報道をしてきた。CAFEとNEVを推進する中で、ハイブリッド技術を取り込もうとすることは事実であるが、NEV（いわゆるEVとPHEV）の生産台数要求を高めていくことに変わりはないのである。要求NEVクレジットは10％、12％、14％、16％、18％と2％ポイントずつ上昇することになっている。CAFEでは、2015年の6・9L／100km（160g／km）から2020年5・0L／100km（116g／km）、2025年に4・0L／100km（93g／km）への改善を目指す。

中国NEV戦略の本質とは

拙著『CASE革命』（日経ビジネス人文庫）の中での重要な論点として掲げたことは、中国のパワートレインミックス（クルマの駆動装置の組み合わせ）が多様化することは想定の範囲であり、電池の国際競争力を押さえた後、中国版ハイブリッドも含めて世界の電動化戦線を主導する国家戦略の脅威に対して警鐘を鳴らした。概ねそのシナリオ通りに事態は展開しており、ハイブリッド車が認められて日本の自動車産業は安泰どころか、今後の戦いに向けて戦略を練り直さなければならないのである。

ダブルクレジット制度の狙いはNEVへの生産インセンティブを働かせることにあった。これには2つの側面があり、NEVクレジットの取引利益がNEV生産能力の強化へのインセンティブとする。厳しいCAFE規制のクレジット不足をNEVクレジットで補うことを認め（NEVクレジット不足をCAFEクレジットで補う逆の取引は認められていない）、NEV生産拡大へのモチベーションを一段と高めることだ。簡単に言えば、補助金漬けで拡大してきたNEV市場を、クレジットを基にした供給力拡大でコストを引き下げ、価格下落と需要喚起につながる循環を生み出すことが狙いである。

ただ、結果としてNEVクレジットの取引利益がインセンティブとなることはあまりなかった。2018年初、国務院発展研究センターは2020年の取引価格を1クレジットあたり4000人民元と予想して制度は始まったが、開始当初から値崩れを起こし、2019年末では1000人民元弱しかない。クレジットの取引利益を目的に乱立したNEV生産業者は次々に経営が行き詰まっていった。その中で2019年から本格的なNEV補助金削減が始まり、NEV販売台数は崩れ始め、NEVの収益性は低迷を続けている。このままではCAFE、NEVともに共倒れになりかねない情勢であったのだ。

中国政策決定者側にすれば、CAFE規制をクリアしやすくなる「低燃費車」カテゴリーをクレジット制度に新設し、NEVの負担を減らせるインセンティブを提供することで、ハイブリッド技術の確立を進める意義は大きい。同時に、NEVの補助金撤廃を延期し、生産者と市場を立て直す時間を得たい。2025年頃までには、ハイブリッド、NEVの双方で世界的な優位性を獲得しようという、中華思想の骨頂なのである。

ハイブリッド技術というものは、エンジン技術とモーターを複雑に制御する2つの高度な技術が必要だ。中国政府はこの技術を2000年代にトヨタから学び、勝負することの難しさを痛感した。そこで打ち出されたのがNEV戦略であり、NEVへ多額の補助金を投じることで、電池産業の育成を目指した。トヨタの芸術的な制御技術は少量の電池で高い燃費効率を生み出せる。中国の対抗措置とは、廉価な電池を作りその搭載量を少し増やすことで、芸術的な制御技術に対抗できるハイブリッドを作ることである。その先に中国は、電池産業、NEV、ハイブリッドのすべてで国際競争力を獲得する構図を描いているのだ。

▼低燃費車（ハイブリッド）優遇の詳細

ここで改めて中国が「低燃費車」をクレジット運用の中で優遇する理由を考えたい。そこには、NEVのコスト競争力を構築するための時間を稼ぎ、同時に、築き上げた電池産業の力を活用し、ハイブリッド市場を拡大していく狙いがあるはずである。

具体的に考えれば理解しやすい。基準を満たす低燃費車生産を増やせば、CAFEへの準拠が進むだけでなく、一定の比率（2021年に0・5倍、2022年に0・3倍、2023年に0・2倍の係数を乗じる）でNEVの要求クレジットから除くことができる。2021年に100万台生産しているメーカーが、仮にハイブリッド車がゼロの場合、NEVクレジットを算出するベース台数は100万台+0台×0・5で100万台となる。要求クレジットは14％であるので、100万台×14%となり14万NEVクレジットを満たさなければならない。その後、このメーカーがハイブリッドを強化し、2023年にハイブリッド比率を30%へ引き上げれば、70万台+30万台×0・2で76万台が基準となる。要求クレジットは18%へ上昇しているが、13万7000クレジットで収まり、NEV規制へも準拠しやすくなるのだ。

ハイブリッドであればなんでも良いという話ではない。欧州で成長期待の高いマイルド（低電圧）ハイブリッドでは基準を満たすことは難しそうだ。筆者は複雑な「低燃費車」クレジット制度を分析してみたが、車重と燃費効率の関係で基準が満たされていくため、現在中国市場に出回っているマイルドハイブリッドのほとんどが基準を満たしていない。小型車でなければ基準のクリアは難しい。そうなれば、トヨタやホンダが提供するシリーズ・パラレル型の高電圧ハイブリッドや、日産 e-POWER のようなシリーズ型の高電圧ハイブリッドへの期待が増大するだろう。

苦境に陥ったNEV、CAFE規制を「低燃費車」導入で一息つかせることはできても、NEVの国家目標台数である2020年200万台はまず不可能であり、2025年700万台も道筋が見えていない。これを国家として放置することはできず、コロナ危機を受けた中国の自動車産業の変容を捉え、NEV市場の再活性化に向けた政策が再び浮上してくるはずだと筆者は考えている。

2 個人保有自動車への需要回帰が顕著

▼中国新車市場の見通し

コロナ危機を脱出したその直後では、少なくともNEVの苦戦と高級車や小型車の優勢が顕著となっている。リベンジ消費という消費者のマインドセットを突き動かしたのは、中国地方都市政府による、NEVにこだわらない幅広い商品を対象とした、需要喚起策の成果があったためだ。巣籠りしたインコロナから、ウィズコロナに移行してわずか数カ月しか経過していない。足元のトレンドがそのまま未来に続くものではないはずだ。まだまだ変化を注視していく必要があるだろう。

筆者が着目してきたのは、停滞ムードにあった中国の新車購入が再び活性化する契機となったことだ。同時に、中国国民は社会的ステータスとして自家用車（POV）を保有するマインドの高い国民であった。感染リスクの高い公共交通を避け、POVで自らハンドルを握って移動する機会が確実に増えることとなり、POVの保有ニーズが中国で増大している。

新車情報サイト「汽車之家（Autohome.com）」のウェブ検索が活発化するなど、新車購入の関心が高まっていることを裏付けるデータがある。高速道路の利用回数は増大を続けており、地図情報の「百度地図」の検索件数も大幅に増加するなど、ＰＯＶ保有への関心や利用頻度の高まりを裏付けるデータも豊富である。コロナの影響は滴滴出行(ディディチューシン)などのシェアリングニーズの後退を引き起こしている。

２０１７年をピークに不動産価格の調整や、輸出依存型の地方経済の構造対応などと連動して、中国新車市場は長期的な減少局面に入っていた。皮肉な結果だが、コロナ危機があったことで中国の新車需要は反転し回復局面に向かう公算が高まった。

２０１７年に２８８７万台でピークを打った中国新車販売台数は、２０１９年に２５７６万台まで調整し、コロナショックで前年比７％減の２３９０万台、およそ２０１３年の水準にまで減少する見通しだ。ただし、４月以降はプラスに転じており、その後は順調に回復することで、２０２１年には同13％増の２７００万台、２０２２年に同３％増の２７８０万台にまで回復する公算だ。

２０１９年比で見れば、１０８％の水準に相当し、これは世界の主要地域に大きく先行して回復を実現することとなる。ちなみに同様の２０１９年―２０２２年比では、米国が98％、欧州96％、日本が84％、ＡＳＥＡＮ82％となる。中国市場の回復力が際立つ。

一点気になることは、２０２０年６月下旬から長江洪水の影響が拡大していることだ。長江流域の11省は全国乗用車販売全体の36％、被災が厳しい安徽、湖南、湖北、江西、重慶の５省市は同13％を占める。８月までに６０００万人以上が被災し、２００人以上の死亡・行方不明、５万戸の家屋が倒壊したとされる。この影響は見定めていかなければならない。

➤チャイナ・プレミアムの収れん

米中貿易戦争や、欧米を中心とした中国からのサプライチェーンの見直しの動きも加わる。長期的に自動車の生産・販売の成長を持続するには、中国国内の政治・経済の安定化は不可欠だ。同時に、コロナからの回復の中で、中国自動車市場の質的な変化が一段と強まっている。

仮に、予想通り2022年に2780万台に需要が回復したとしても2017年のピーク需要を更新しているわけではない。中国自動車産業は製造から販売に至るまで、世界でも突出した成長率、規模、収益性の高さを示してきた。その源泉には、「チャイナ・プレミアム」と呼ばれた先進国と比較して高い実売価格があった。毎年、確実にこの価格差は縮小・収れんへ向かっており、コロナ危機は価格差収れんを加速させるきっかけとなりそうだ。グローバル、中国ローカルブランドを交えた競争の激化がその背景にある。乗用車の中国国内の生産能力台数は5000万台を超えてきている。稼働率は50%にすぎないのである。

驚くことに、中国乗用車の新規購入率（ファースト・タイム・バイヤー率）は今でも全体の80%近くを占める。効率的な中古車の流通を基盤に持つ、先進国型の市場への転換はこれからなのである。新車の販売台数成長に基づくビジネスを、保有基盤をベースにしたサービス、バリューチェーンを付加価値の源泉とするビジネスモデルへ転換することが重要となってくる。

過去には、VWやGMが得意としてきた、在庫を大量に自動車ディーラーに持たせたのちに、多額のインセンティブでプッシュ（押し込み）を行うタイプの販売成長政策がまかり通ってきた。いわゆる在庫商売だ。これまでの中国自動車産業のゲームとは、生産・販売の能力増強競争であり、「在庫増大×インセンティブ増大」で市場シェアの変動が生まれてきた。

しかし、コロナ危機を契機に、台数の低成長時代は決定的となり、NEV、CAFEの環境規制が一段と厳しく強化されていく。オンラインによる販売、メンテナンスサービスはディーラーのビジネス領域を侵食していく。ディーラーのビジネスを保有ビジネスに急ぎ転換し、「在庫圧縮×インセンティブ圧縮」の姿に早期に持っていくため、自動車メーカーの持続的な競争力と収益力の強化が予想される。

▼旅客輸送量分析

世界の主要都市のモビリティの変化は米グーグルの提供する「Community Mobility Report」で詳細な把握が可能である。一方、中国の移動データは手軽で便利なグーグルが締め出されているため、実態を把握することは容易ではなかった。筆者は、中国国内の移動データを中国テンセントのメッセンジャーアプリのウィーチャット（WeChat）やウェイボー（Weibo）などのSNSを活用し、収集・解析を続けてきた。

中国交通運輸部が日々開示してきた移動データからは、世界に先駆けてロックダウンに陥り、

図表3-2●インコロナにおける中国旅客・車両輸送量の変化率（前年同期比%）

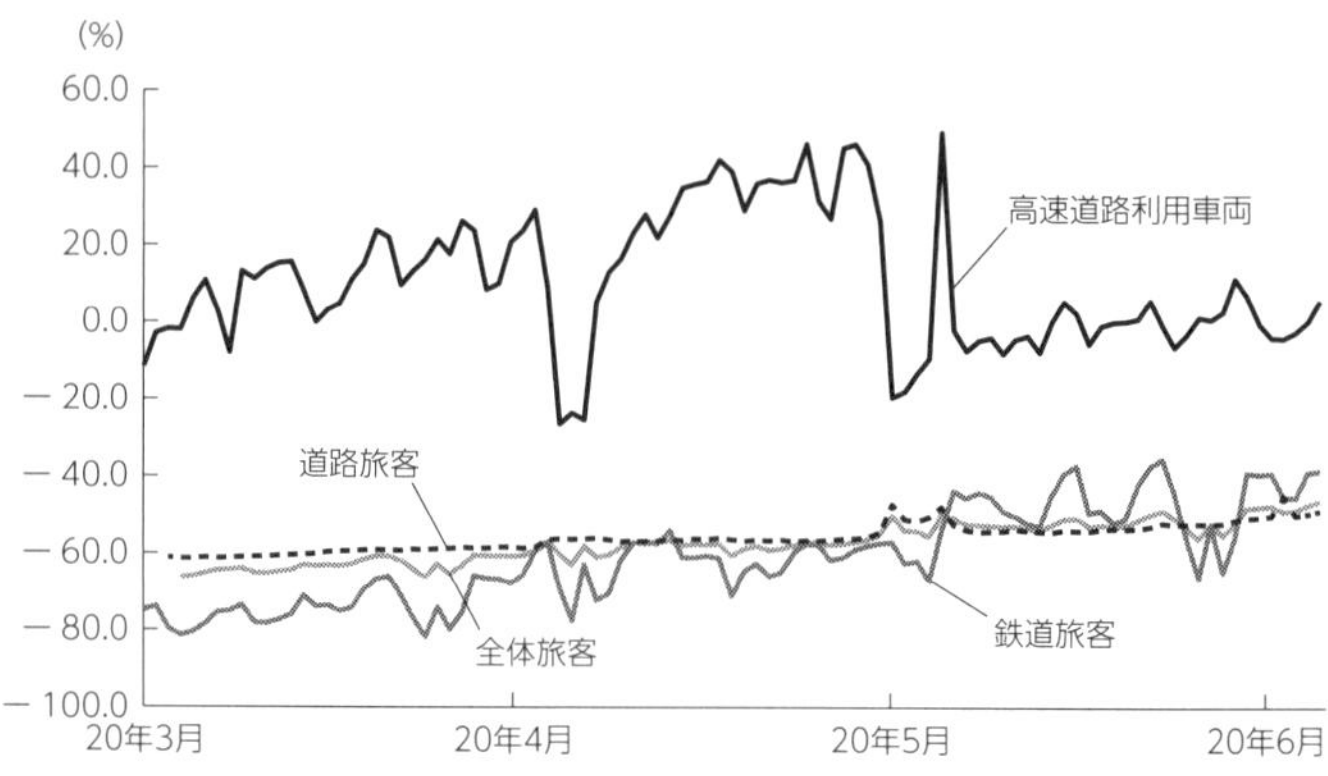

注：旅客・鉄道輸送量の単位は1000人回、道路旅客はバス、タクシー等の道路公共交通の利用人数1000人回、高速道路利用回数は料金所通過回数に基づきその単位は1000回ベース
出所：中国交通運輸部データを基にナカニシ自動車産業リサーチ作成

想定以上のレジリエンス（復元力・回復力）を演じた中国のモビリティの現状を、的確に追うことが可能であった。中国の経済活動は5月には大幅に回復を実現している。しかし、旅客の輸送量の回復は非常に鈍かったことが示されている。

6月初めの段階でも、旅客輸送量は前年比で50％前後の減少率に留まっていた。長距離移動が多い鉄道による旅客輸送量は比較的早期に回復に向かったが、短・中距離移動が多いバス・タクシーによる道路旅客輸送量の回復の遅れが顕著であった。感染懸念から、バス・タクシーを避け、個人所有のPOVでの移動に向かったとみられる。

旅客輸送量とは別の観点から、高速道

図表3-3●中国主要都市の地下鉄日次輸送量（7日移動平均、2019年10月7日～13日=100）

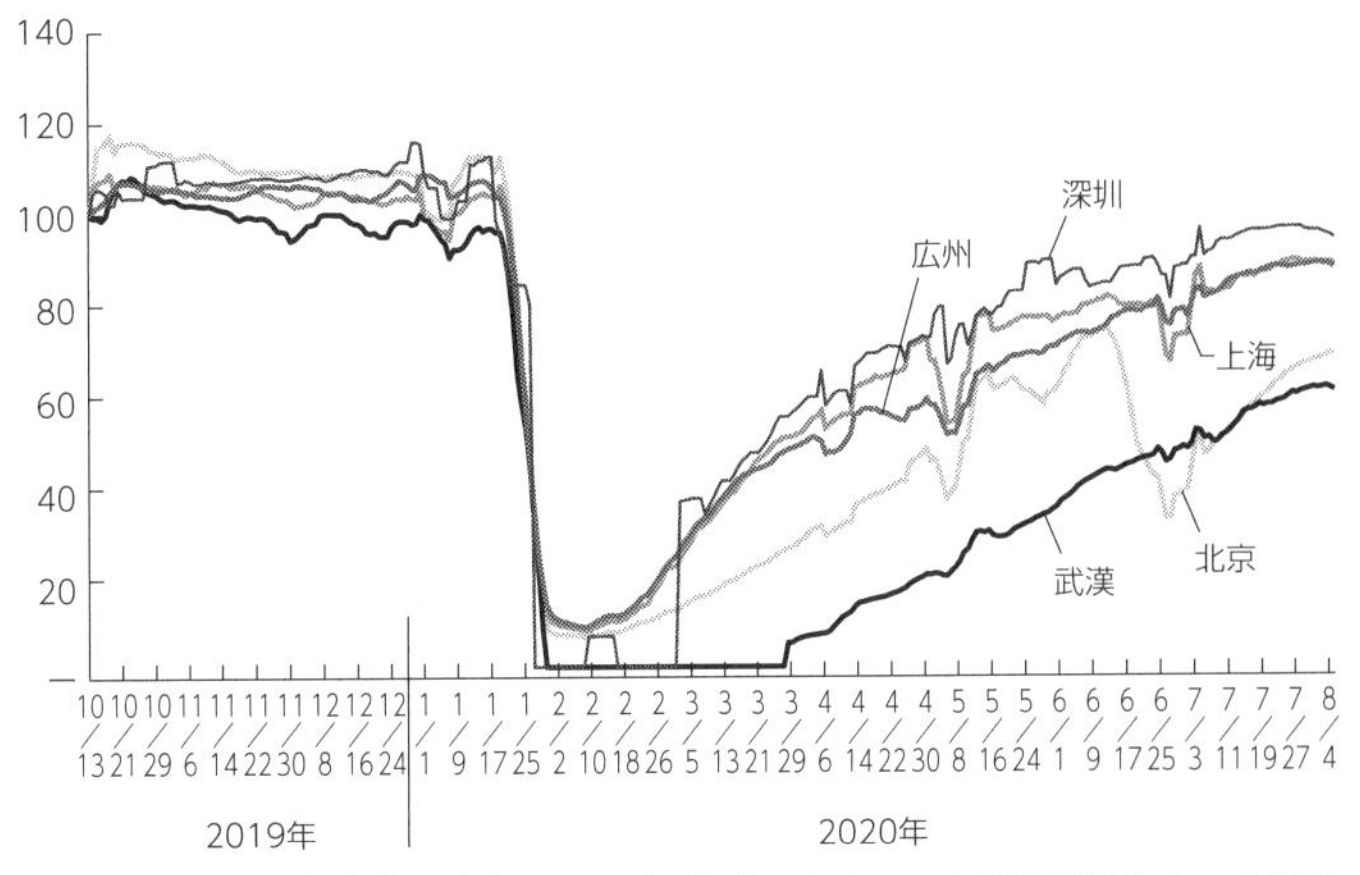

出所：各都市地下鉄会社の公式ウェイボーを基にナカニシ自動車産業リサーチ作成

路の利用車両数（料金所の通過回数を1回と数える）を見ると、ロックダウン解除直後から非常に高水準で推移している。4月に高速道路利用金額の無料開放もあって、激しく渋滞するほど、POVが市民の移動を支えた様子が伺える。

▼中国では根付かない在宅勤務

また、主要都市の地下鉄オペレーターが提供する輸送人数データが、それぞれの都市メトロのウェイボーサイトから入手できる。そのトレンドを追ったものが図表3－3である。2020年1月21日を境に急落が始まり、2月には利用はほとんどなくなり、ほぼゼロに接近している。2月21日から回復が始まり、6月に70%、7月に80%、8月に90%近くまで回復している。蘇州、成都ではすでに100%を超えている。欧米先進国と同様の比較をすれば、グーグルの「Community Mobility Report」でのトランジット（乗り換え）駅利用率は、7月15日～7月22日の平日5日間の平均値でロンドンが前年同期比49%減、ニューヨークが同64%減、東京が同24%減と、まだまだ回復が遅れている。

第4章で改めて紹介するが、乗り換え駅利用率と在宅勤務率は相似していることが「Community Mobility Report」で示されている。同様なパターンが中国でも言えるのであれば、中国主要都市では在宅勤務比率が先進国と比較して、相対的に低いことが示される。

住商アビーム自動車総合研究所が2020年8月に実施した上海、深圳、鄭州などの主要企業への調査結果に基づけば、中国では在宅勤務という概念がほとんど浸透していないようだ。3月のロックダウン中は一時的な在宅勤務を実施したが、4月以降はほとんどがオフィスへの通勤を再開している。在宅勤務ではウィーチャットや個人パソコンを活用しなければならなかったが、相当に効率が悪かったようだ。先進国ではビフォーコロナの頃から全体の5%程度が在宅勤務へ移行済みであり、ある程度のインフラを構築できたところにコロナ危機が来た。中国では在宅勤務の概念自体がもともと浸透していなかった。公共交通の利用がほぼ復元される中で、在宅勤務の必要性を考える企業は少ないようだ。

3　オンライン販売は定着するのか

▼検索データで見た移動への関心の変化

中国版グーグルであるバイドゥ（百度）の検索数から、消費者の関心を追うことも可能だ。ライドシェアの滴滴出行、フードデリバリーの美団外卖、自転車シェアリングの共享単車（ofo）、地図アプリの百度地図（Baidu Map）、新車情報サイトの汽車之家といった、移動に関わる代表的企業を選び、バイドゥが提供する検索インデックスがどのように変化しているかを追ったものが図表3－4である。

中国消費者の関心が、シェアリングからPOVの所有や自分自身での移動に移行していることが明確に表れている。特にカーシェアの滴滴出行の落ち込みが著しく、感染予防の観点からシェアリングが敬遠されている。6月末に急に滴滴出行の指数が急上昇しているが、ドライバーと乗客の暴行事件（実は顧客らの自作自演）が話題となった不名誉な人気にすぎない。2018年に2件も連続した女性乗客のレイプ殺人事件（同社の人気ライダー同乗サービスのHITCHの禁止につながった）を思い出させ、ライドシェアに対する関心としてはむしろ逆効果であった。

図表3-4●バイドゥ（百度）検索インデックス

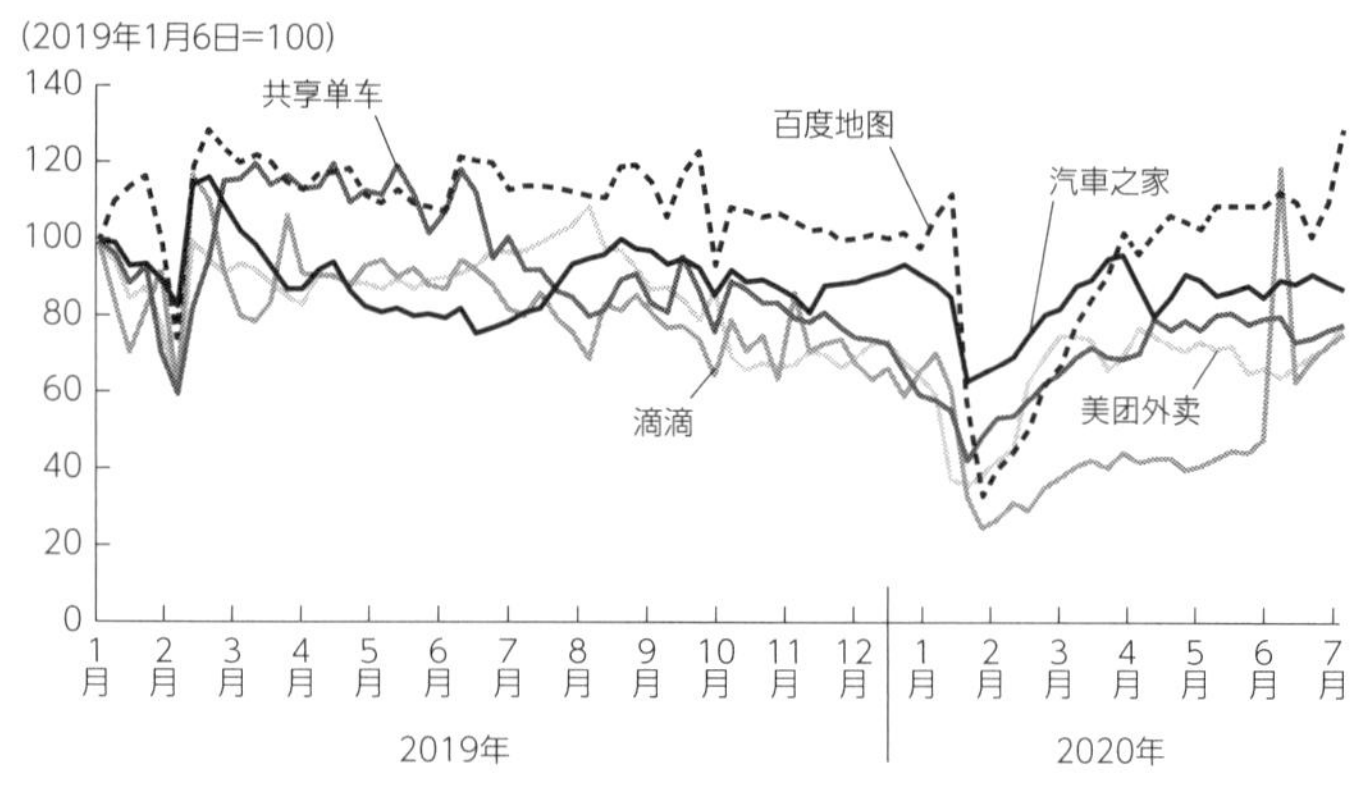

出所：バイドゥウェブサイトを基にナカニシ自動車産業リサーチ作成

▼汽車之家の好調続く

一方、新車購入の情報提供サービスで有力な汽車之家はコロナからの回復が早い。従来のような自動車のスペックや写真を数表上で比較するだけでなく、VR機能を駆使した内装、外観の表示や動画で差別化している。新車購入への関心は高いが、ディーラーへの訪問が制限されたなかで、こういった車両情報への検索が増大している。汽車之家は、自動車メーカーと早い段階から協調し、オンラインで商品情報やコンテンツを提供し、新車購入支援を実施してきた。

2017年7月に中国では電子商取引（EC）事業者が新車を販売できるよう、規制緩和が実現している。阿里巴巴（アリババ）傘下のECモールである天猫（Tmall）には、すでに多くの自動車ブランドが店子として出店している。ただ、ここでは消費者が購入申込後に各メーカーのコールセンターとつながり、電話で商談のクロージングを整理した後に、正規ディーラーが納車を担当する仕組みである。その他、車好多集団（CARS）では、新車販売で「毛豆新車網（Maodou）」と中古車販売で「瓜子二手車直卖網（Guazi）」のサービスを展開している。

➤中国オンライン新車販売の最新動向

コロナによるロックダウンが、新車のオンライン販売をどこまで加速させるのかという重要な議論がある。第4章でのポストコロナの自動車ニューノーマルで、販売接点がいかに変化するのかを考察するが、ここでは中国の実態に少し触れてみよう。

新車のインターネットを用いたオンライン販売には大きく3つのレベルがある。レベル1は、インターネットに広告を打ったり、汽車之家のような情報サイトからユーザーを自動車ディーラーに誘導する。レベル2はオンラインで商談プロセスの一部を実施するが、決済（クロージング）や納車（デリバリー）はディーラーが実施する。先述の天猫はここに該当する。レベル3は、オンラインで直接販売（含む決済と納車）を完結し、ディーラーを中抜きする。

レベル1はある意味ではあたり前の世界になっており、多くの個人向け新車販売は何らかのオンライン情報を利用している。レベル3は、一部の地場ブランドや中古車では多少広がりが始まっているが、一般的な自動車メーカーでは非常に稀である。レベル3を前提に、伝統的なバリューチェーンを破壊する形でビジネスを立ち上げているのはテスラや新興のEVブランドだ。「弾個車（タンガチャ）」というスマートフォンで新車購入プロセスを完了できるアプリも登場している。ただ、これらはまだ限定的な領域だ。

筆者が新車のオンライン販売を議論するときは、レベル2の浸透の議論が多い。日本のメディアはやや過剰に報道する傾向があり、レベル2の話をすべてレベル3のことのように伝えている場合もあり、やや誤解が生じている。

2020年4月28日、テスラはECモールのタオバオでライブ配信を行い、400万人が閲覧し1時間で2600人が試乗を申し込んだとされる。ただし、直販ではなく、試乗予約とディーラーの紹介までだ。テスラだけでなく、コロナによる移動制限や接触削減に向けたライブ配信やECイベントは大きく拡大した。2020年3月末までにBMW、マセラティ、アウディ、ボルボ、リンカーン、ホンダ、紅旗など40以上の自動車ブランドがタオバオで計1万5000回以上のライブ配信を行ったという。

ただ、イベントが拡大し、配信閲覧者は拡大していても、その場でオンライン販売台数が拡大しているというわけではない。化粧品販売で有名なライブコマース「薇娅（viya）」が時流に乗ってキャデラックの最新モデルのオンライン発表会をライブ配信したが、1台も売れなかったというニュースもある。

➤コロナが手繰り寄せる「CASE革命」

中国におけるデジタル革命は、世界の先端に位置していることは間違いない。そうは言っても、新車のような高額で自らの社会的ステータスに関わる耐久消費財の購入を、レベル3のオンラインだけで済ます人が相当増えているかといえば、現時点で明確なエビデンスはないだろう。むしろ、ディーラーとのリアルな関係を重視し、その後の高度なサービスを喜ぶという消費者特性は、ビフォーコロナも今もそれほど大きく変わっていないと思われる。

ただし、レベル2のオンライン比率は確実に上昇していると考えられる。JETROのビジネス短信は、「ウェブやアプリを通じた自動車購入については、中国の自動車関連シンクタンクのWAYSによれば、2020年第1四半期には全体の3分の1を占めており、前年同期(4分の1)より拡大している」と報告している。[5]

SNSを中核に顧客接点が築かれ、ディーラーを経由することとセットされた商流が、中国では一般的になっていることは事実である。インターネット感度の高いブランド(例えばテスラやNIO)、商品にとって、マーケティングはオンラインなしには有り得ない状況だ。

オンライン販売への取り組み強化は避けられない課題である。その中にディーラーの事業機会と収益性を、いかに上手に組み込んでビジネスデザインを作り上げていくかが、中国の販売政策として重要な課題となっている。店頭での接触販売に加え、ディーラーは新たな営業ツールとして、魅力的なサービス・アプリケーション、ソーシャルメディアとの接点、ライブ動画配信などを活用し、インターネット感度の高い、ポストコロナでより感度を上げている消費者との接点を強固にしていく必要がある。

自動車産業は、製造から販売まで一定の閉鎖された設計のアーキテクチャや販売フランチャイズを前提に、「作って儲け、売って儲け、直して儲ける」というビジネスモデルを謳歌してきた。いわばデジタル化しづらいことが奏功し、厳しい競争にさらされながらも産業は安定的に成長と収益を確保できていたわけだ。コロナ危機がたちまちこういった旨味のある構図を破壊することはないだろうが、いつかは壊れる構造であることは蓋然性の高い事実である。それこそがCASE革命であり、その運命の日をコロナが手繰り寄せることは間違いないだろう。

第4章

アフターコロナの自動車新常態（ニューノーマル）

1　自動車ニューノーマルの地域類型

▼脱都市化と公共交通分担率の低下——2つの構造変化

コロナが及ぼすモビリティの変革や自動車産業への影響は、地域によって大きな差異があることを認識している。日本国内だけでも、都会と郊外、地方でコロナに対する受け止めが大きく違う。自動車の保有動向や走行距離に及ぼす影響は各国で大きくばらつくだろう。自動車ニューノーマルを語るうえで、どの地域のどういった条件下の変化なのかを、解りやすく整理することが重要である。

インコロナの最中は、ヒトの移動量がどれだけ落ちたとか、公共交通の利用がゼロになった、社員全員が在宅勤務になった、だから世の中はこう変わるなどという安直な議論もあった。ウィズコロナに入り、新しい生活様式とともに我々の生活や労働の多くが以前のスタイルへと回復してきており、ビフォーコロナの頃と同様の状態に復元される要素もあるだろう。そういった因子が複雑にからみあって、自動車ニューノーマルが形成されていく。予測は単純にはいかないのである。

そこで、自動車ニューノーマルを地域的な類型に落とし込むため、何が重要な変化であるかを再考した。コロナによる社会生活への影響を改めて挙げれば、デジタルの利便性や効率性の発見と同時に、リアルな活動の喜びを再認識したこと、社会は大きな抵抗も受けずにデジタルインフラの構築と生活様式のデジタル化を確立できたことだ。リアルな生き方を重視しながらも、非接触型の社会構造が作られていくことは間違いない。筆者が着目するコロナによる移動と暮らしの恒久的な変質とは、「脱都市化」と「公共交通分担率の低下」という2つの構造変化である。

➤自動車ニューノーマルの6類型への分類

図表4－1には、縦軸に在宅勤務比率をとり、横軸にはポストコロナの公共交通分担率を示し、主要都市別に分布させたものだ。在宅勤務比率とはデジタル社会へのベクトルを示し、公共交通分担率の低下は脱都市化へのベクトルを示している。右上に行くほど、コロナから大きな影響を受け、生活様式とモビリティの変化が大きいと予測される。

先進国都市の分布は大きく4つのグループに色分けできる。

■先進国大都市型　在宅勤務の普及率が高く、公共交通の依存を脱していく都市であり、ニューヨーク、ロンドンのような欧米の人口1000万人以上の大都会があてはまる。世帯の郊外、地方都市への移動が顕著となり、オフィスの郊外、地方都市への移動も起こり得る。しかし、自動車保有にとっては、保有台数の低い地域から相対的に多い地域に世帯数の移動があるため、むしろプラスの効果が予想される。

図表4-1●自動車ニューノーマルの6類型

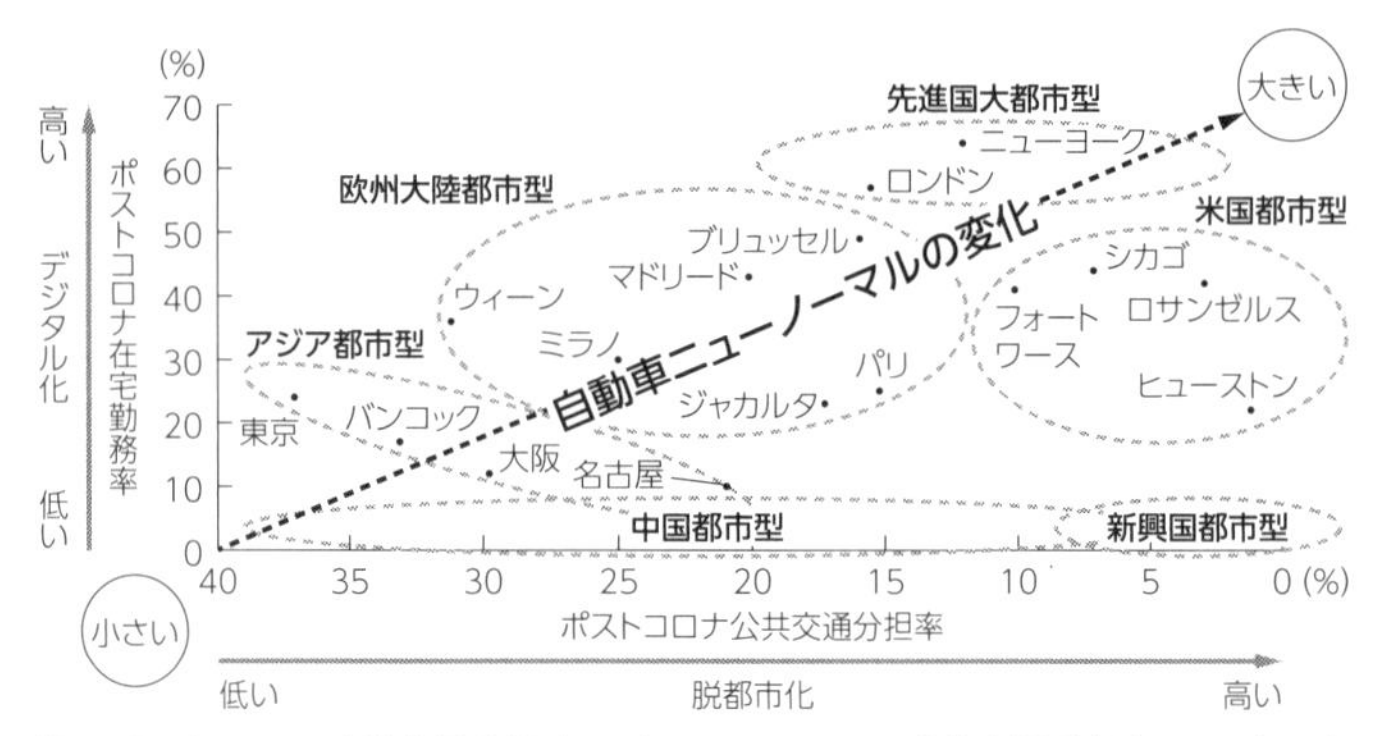

注：ポストコロナ公共交通分担率：ビフォーコロナの公共交通分担率に、グーグルの「乗換駅」の増減率を乗じて算出。数値は7/15～7/22の平日5日間の平均値を使用

在宅勤務比率：グーグルの位置情報データ「職場」の前年からの減少率を在宅勤務比率とした。数値は7/15～7/22の平日5日間の平均値を使用

出所：各種資料、ナカニシ自動車産業リサーチ

■**米国都市型**　一定の在宅勤務の定着は残るが、従来から公共交通の利便性に恵まれておらず、クルマ社会の基本構造に変化が小さい地域だ。在宅勤務増加、電子商取引（EC）の拡大で車両の稼働率低下は見られるが、自家用車での移動が基本に残るため、世帯の保有構造にまでは大きな変化は生じないだろう。したがって、ビフォーコロナに近い状態へ復元が進む公算が高い。非接触型移動を重視し、人流MaaSの普及が遅れることも考えられる。

■**欧州大陸都市型**　恐らく先進国での変容としては大きな規模に発展する可能性が高い。在宅勤務の普及、定着率が高く、同時にポストコロナでも公共交通依存が続く。短期的に公共交通機関の利用、自家用車（ＰＯＶ）移動、ＭａａＳ移動が混在し、長期的には都市機能の分散がいっそう進み、それぞれをつなぐ移動はＰＯＶに依存しながらも、都市内ではＰＯＶの利用を制限し、人流ＭａａＳの普及も進む公算だ。

■**アジア都市型**　一定の在宅勤務は定着しても、主だった交通政策は取られず高い公共交通依存がポストコロナでも維持される。都市部から郊外への暮らしの広がりは多少はあるだろうが、移動様式はビフォーコロナの状態へ復元される公算が高い。

➤中国都市型、新興国都市型では自動車普及拡大が続く

中国都市の具体的な情報が不足しているが、第3章で示した通り、公共交通の利用率はほぼビフォーコロナの状態へ復元されており、在宅勤務の概念すらない。商取引のオンライン比率が極めて高く、デジタル嗜好の強い社会ではあるが、自動車の変革に関しては、中国都市は分布図の底辺領域に広がる。実際、中国の市民生活はビフォーコロナのレベルをほぼ復元している。

■**中国都市型**　ＰＯＶの保有欲が強まり、高級車も小型車も新車販売は好調である。個人消費のオンライン比率が高い地域であるが、新車購入でのオンラインによる顧客接点やイベントは急増しているにもかかわらず、新車購入に対しては自動車ディーラーとの取引を求めるリアル志向が依然として強い。アフターコロナで特徴的なことは、中古車市場の形成だ。中古車取引に拍車が掛かり始めており、これは中国の新車需要構造を新規購入中心から、代替・更新需要の

構成比の増加へ転じさせる契機となりえよう。

■**新興国都市型**　コロナ以前から公共交通への依存度は低く、道路インフラも不十分で慢性的に渋滞を抱えてきた。労働集約型の産業構造ゆえ在宅勤務は困難であり、アフターコロナにおいてもPOV保有を夢に抱く地域である。感染防止を理由に二輪車や自転車の需要増加が期待されるが、経済環境が厳しく、その実現には時間を要する公算である。

2　車両走行距離への影響

▼4つの変数で構造変化を追う

車両走行距離（VMT）とは、年間ですべての車両が走行した距離の総和である。移動距離はエネルギー消費の重要なバロメーターのひとつとして、さまざまな角度から研究されてきたものだ。特に、米国はデータが充実しており、研究対象として有益である。移動距離を支える自動車の保有構造を演繹的に推計でき、将来の新車構造を予測するのにも役立つ。

車両の年間走行距離は、さまざまな形に因数分解が可能であるが、ここでは「年間トリップ回数×トリップあたりの平均移動距離」で見ていく。年間トリップ回数は、「保有台数×保有1台あたりの年間トリップ回数」に分解でき、さらに保有台数は「世帯数×世帯あたり保有台数」に

図表4-2 ● 車両年間走行距離の因数分解と類型別のコロナの影響

	自家用車走行距離						
	世帯数 ×	世帯あたり保有台数 ×	保有台あたり平均トリップ回数 ×	トリップあたり平均移動距離 +	人流MaaS +	物流MaaS =	年間走行距離総数
先進国大都市型	↘↘	↘	↘↘	↗	↘	↗↗	↘↘
米国都市型	↗	→	↘	↗	↘	↗↗	↗
欧州大陸都市型	↘	→	↘	↗↗	↗	↗↗	→
アジア都市型	→	→	→	→	↗	↗	→
新興国都市型	→	→	→	→	→	↗	→
中国都市型	→	↗	→	→	→	↗↗	→

出所：ナカニシ自動車産業リサーチ

分解できる。トリップありの平均移動距離も車両平均稼働率、平均速度などにさらに細かく分解することが可能であるが、複雑化するのでここでは省略する。

車両の年間走行距離は、「世帯数×世帯あたり保有台数×保有1台あたりの年間トリップ回数×トリップあたりの平均移動距離」という4つの変数でその構造的な変化を追跡することが可能となるわけだ。ただ、人流と物流の区分けや、ライドシェアや今後生まれるロボタクシーのようなMaaS移動距離が加わってくれば、等式はそれほど単純なものではなくなるのだが、ここではコロナが及ぼす移動への影響を定量的に理解するために、あえて等式には加えていない。

➤2030年に向けてVMTは年率2％程度の安定成長

世帯数の変化を考える際に使用する国家の人口・世帯予測というものは、数あるマクロデータの中で最も外れない信頼性の高い予測といわれる。ただ、コロナは脱都市化という新たなトレンドを生み出したと考えられ、都市から郊外、郊外から地方への世帯分布の分散を生み出す公算だ。コロナの影響を受けて、世帯分布の分散は、「先進国大都市型」で減少し、「米国都市型」では増加する可能性が高い。

特に、米国では人口の3分の1を占めるミレニアル世代はデジタルネイティブと言われながらも、脱都市や戸建て住宅購入の志向が強い。テキサス州の主要都市であるヒューストン、ダラス、フォートワースでは80％以上の人はクルマで通勤している。一方、ニューヨークではこの比率は50％に落ちる。コロナを受けて在宅勤務を中心にビジネスを転換できるなら、ミレニアル世代はより郊外、よりPOVでの移動の比率が高い地方都市への移動を強めるだろう。

米国の世帯数の構成は人口が100万人以下の地方都市に圧倒的に集中しており、かつ人口も増大してきた。脱都市化の流れは、世帯あたりの保有台数が多く、移動回数・移動距離も大きい地方都市の世帯の増加を意味する。ヒューストン、ダラス、フォートワースは「米国都市型」の典型的な中規模都市となり、移動距離や新車消費への影響は比較的小さいと考える。

そうはいっても、通勤と買い物は米国の車両走行距離の約40％を構成する。在宅勤務が一般的となり、ECの構成比が高まるとすれば、2大目的での利用回数の減少は不可避である。一方、より利用回数の高い都市への人口流入や、トリップありの平均走行距離の増大、通勤や買い物以外のレジャーなどのトリップ回数の増大など、増加する要素も少なくないだろう。

結果として、後述するＭａａＳ車両の移動距離増大とも相まって、コロナが及ぼす世界の車両走行距離への影響は限定的に留まると考えている。２０２０年はロックダウンの影響を受けて若干成長率が鈍化するだろうが、２０３０年に向けて年率２％程度の安定成長が見込めるだろう。そうであれば、新車需要も従前目線からの高低の差異はあっても、持続的な成長を期待できるはずだ。

3 自動車ニューノーマルとＣＡＳＥの加速

▼2極化を極める自動車消費

自動車市場は極端な2極化が進む公算が高い。「米国都市型」「中国都市型」では、自動車ニューノーマルはビフォーコロナの姿と大きくは変質しないと考えているが、「先進国大都市型」「欧州大陸都市型」では大きな構造変化が起こる可能性が高いことを指摘した。

「米国都市型」では、自家用車のライトトラック比率の上昇が見込めるが、「欧州大陸都市型」では規制強化と政治的意向に自動車消費が揺さぶられる公算が高い。「中国都市型」では、高級車と足代わりの小型車の双方の販売が好調だ。都市部では小型でパーソナルな車両での移動が適しているが、郊外での移動時間が増大し、家族とのレジャーユースに適したミニバンやＳＵＶが人気化しており、このトレンドは今後も続くと見ている。

➤電動化の加速は不可避

アフターコロナは電動化の時代の本格到来を早めるだろう。したがって、電動車の普及はすべての類型に共通する。その大きな推進役を果たすのが「欧州大陸都市型」ということになる。コロナ危機からの経済再生を目指し、欧州の環境政策は一段と環境重視に振られ、自動車産業に重大な影響を及ぼす公算である。

２０２０年7月の欧州会議では、総額７５００億ユーロ（約94兆円）の復興基金（ＮＧＥＵ：Next Generation EU）の創設を含む、総額１兆８２４３億ユーロ（約２２８兆円）もの次期（２０２１ー２０２７年）財政計画が合意された。このうち30％を気候変動分野に投じる考えで、２０１９年に公表された欧州グリーンディールの実現を後押しするものとなった。コロナを受けて、このグリーンニューディールの戦略的な重要性は一段と増大している。

グリーンニューディールとは、２０３０年までにCO_2排出量を55％削減（従来目標40％減）し、２０５０年に温室効果ガス排出が実質ゼロとなる「気候中立」を実現するための欧州の新たな成長戦略である。この中で、決まったばかりの乗用車のＣＡＦＥ長期規制を見直し、ライフサイクル（上流は原材料の採掘から下流はリサイクルまで）でCO_2の排出量を規制するLCA基準を導入しようとしている。

『CASE革命』（日経ビジネス人文庫）の中で、ビフォーコロナの予測として、2030年の日・米・欧・中の主要市場でのEV比率を8・8％、プラグイン・ハイブリッドは10・9％と予測した。合計で約20％の新車が電気を動力の主体とする車両に置き換わる見通しとしている。

EVとプラグイン・ハイブリッドのような電気を動力の主体とする車両を電気モビリティと呼ぶ。アフターコロナでは、この電気モビリティの比率はもう一段上昇する可能性が高いと考えるべきだろう。ただし、EVとプラグイン・ハイブリッドの境界線がどのように決まっていくかは、宗教論争に近いものがある。要は、電池コストがどれだけ下がり、大量の電池供給量を確保できるかがその境界線を定めるだろう。

➤トヨタがe－TNGA戦略の先に見ていること

2019年6月、トヨタは遅れが指摘されてきたEV戦略を世に発表している。「e－TNGA」と銘打ったEV専用プラットフォームをスバルと共同開発し、2025年に向けてスバル、スズキなどと共同開発する6つのEVモデルを世界市場に投入する計画だ。

同時に、中国電池メーカーBYD、CATL（寧徳時代新能源科）との事業提携も締結した。これに先駆けた1月にはパナソニックと車載用角形電池開発合弁会社の設立と電池事業の統合に合意している。トヨタは電池メーカーとなる決意を固めており、電池の供給体制の重要な布陣を固めた1年となったのだ。

出遅れたEVの基盤をe－TNGAで確立しようとしていると単純に受け取られがちだが、実はこの戦略には第2幕があり、そこが非常に興味深いところだ。e－TNGAには、1巡目と2巡目があるようで、1巡目はEV専用プラットフォームの設計、生産を確立するところにある。そして、2巡目はそれをベースにプラグイン・ハイブリッドや燃料電池車を派生させることも視野に入れて2030年までの10年間を一括企画（長期にわたる車両開発を初期段階で一括して開発プロセスを企画し、標準化を高める手法）しているというのだ。

このプラットフォームはフロント、センター、リアの3つのモジュールで構成されている。それぞれが独立して開発を進めることが可能だ。モーターが進化すればフロントとリアの部分だけを変更して対応する。自動運転技術や衝突安全の要件はフロントに集約されており、これらの技術進化もフロントで受け止められる。センターは駆動電池だけに従属する設計としており、電池の進化はリアには影響しない設計だ。そして、将来的にフロントに内燃機関を搭載し、電池量を削減すれば、プラグイン・ハイブリッド（レンジエクテンダーEVとも呼ぶ）となる。

電池走行能力が200キロメートルあるプラグイン・ハイブリッドは、普段はEVと同じように電気主導で走行する電気モビリティである。こういったEVから派生するプラグイン・ハイブリッドは要求される電気モビリティに対するひとつの答えであるだろう。もうひとつ重要な要素とは、第3章で指摘したように、現在一人勝ちのハイブリッドも2025年頃には中国製ハイブリッドとの競争が控える。ハイブリッドの次の一手として、電気モビリティへの転換を着々と進めているとも受け取れるだろう。

もうひとつのトヨタの大いなる野望は、電池の標準化を進めるということにある。いわば、車載電池を乾電池のような標準品にしてしまいたいということだ。EV専用プラットフォームをトヨタ陣営で共有化するということは、電池の規格も同じとなる。電池の標準化を陣営で進め、それをグループ外にも拡販することを目指している。EVの普及が間違いなく先行するMaaS事業やスマートシティ構想への取り組みも、社会インフラとして活用される据え置き型の電池と車載電池を現在の乾電池のように標準化させたいという狙いがあるのだ。

▼MaaSは大きな転換点に差し掛かった

ライドシェアの拡大は大きな曲がり角に差し掛かっている。最大手の米ウーバーの2020年の4－6月期は売上高が前年同期比29％減に落込み、最終赤字は18億ドルまで拡大した。象徴的な出来事は、料理宅配サービス「イーツ」の売上高が倍増し、同社の売上高の過半を占めたことだ。ヒトからモノへMaaS事業の転換が進んでいることを如実に示した。ウーバーは同年7月に米ポストメイツを26億5000万ドル（2780億円）で買収することを発表している。規制当局の承認を得なければならないが、実現できれば米ドアダッシュに次ぐ第2位に浮上する。人流ＭａａＳから物流ＭａａＳへ急速に舵を切っている。

　ライドシェアは、近年急速に規模を拡大したが、同時にさまざまな構造的問題を露呈してきた。ギグエコノミーとして小さな規模で活動している間は、ネットワーク効果をフルに享受して、規模の拡大がコストの減少につながり、それが価格の低下とネットワーク効果の増大という好循環を享受できた。ところが、タクシーなどの公共交通機関を淘汰し、多くのパートナーが専業としてライドシェアビジネスに参入してくると情勢が変わった。車両整備、保険の徹底、国によっては営業用車両としての登録から特別な運転免許の要求にまで進み、既存タクシー事業との同質化が進んでいる。

　需要が拡大するならそれに見合う供給、すなわちドライバー数を確保しなければならない。しかし、ドライバーを維持するためのインセンティブは増大を続けてきた。保険準備金、訴訟・和解準備金の費用増大も著しい。社会負担の分担も要求され、米国カリフォルニア州ではＡＢ－５と呼ぶギグ法案が成立し、個人事業主に区分けされてきたドライバーを「雇用」あるいは「雇用類似」として厳格に認定することが義務付けられた。雇用関係が成立するなら、最低所得の保証、有給、病気休暇、怪我などの補償を実施する必要が生じる。さまざまな費用が増大し、要するに、ネットワーク規模が増大してもコストが上昇するという「逆ネットワーク効果」に悩まされてきたのである。

　そこをコロナが襲い、人流ＭａａＳは大きな転換点に差し掛かっている。影響は地域で格差が

図表4-3 ● 自動車ニューノーマルとモビリティへの影響

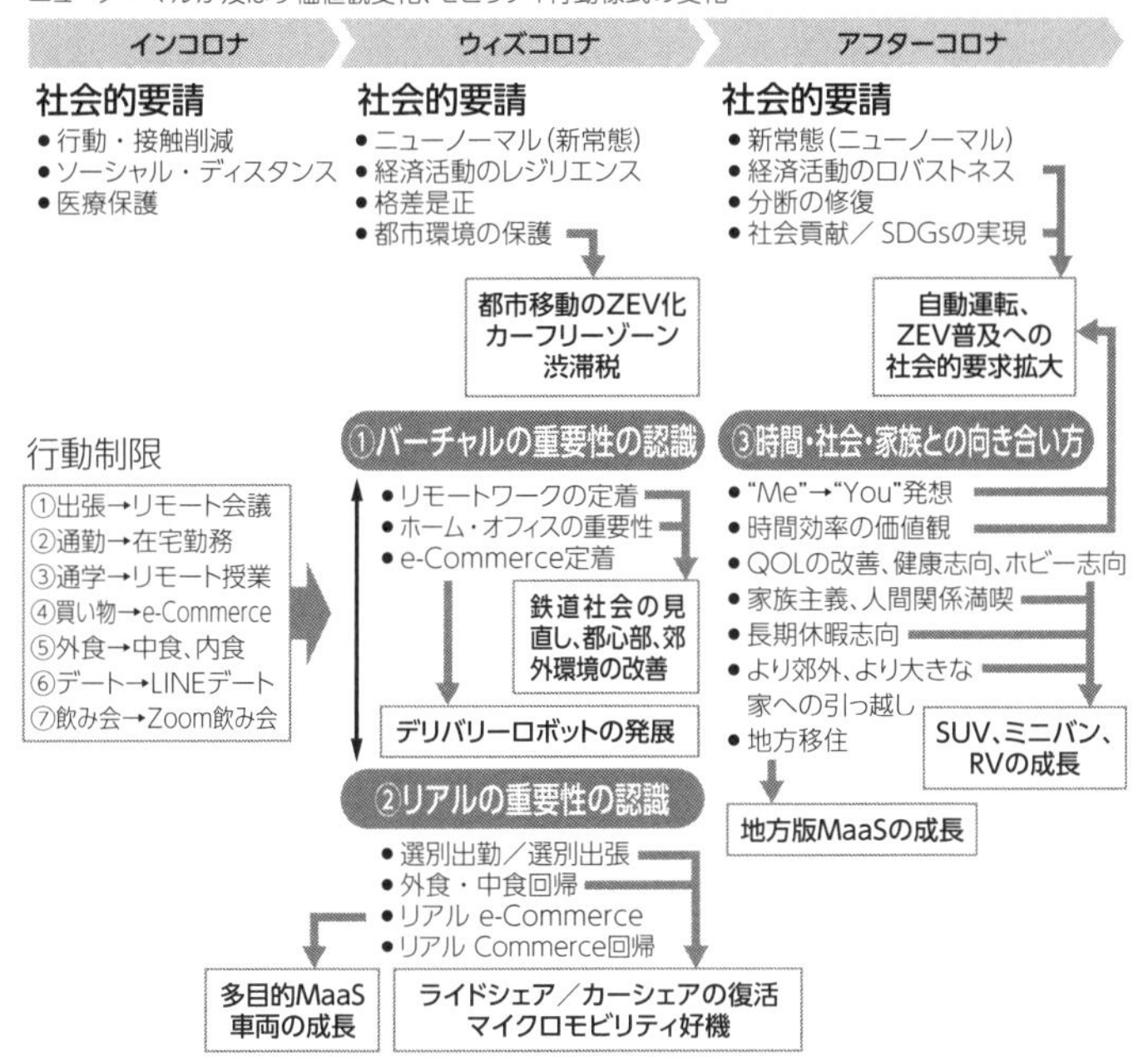

出所：ナカニシ自動車産業リサーチ

あると考えられるが、人流ＭａａＳの成長率の減速は避けられない情勢だ。そうはいっても、予測される公共交通の依存度の低下をＰＯＶの利用ですべて吸収できるものではない。都市交通政策は、代替移動手段としてライドシェアに代表される人流ＭａａＳの活用を真剣に検討していかなければならない。特に、欧州大陸都市型、アジア都市型では、コロナは人流ＭａａＳ増加へプラスの効果すらあると考えられる。一方、先進国大都市型、米国都市型では、空港送迎、職場通勤、買い物などのニーズの減少を直接的に受ける公算であり、その打撃が大きいだろう。

物流ＭａａＳは大成長へのパラダイムシフトを迎えた。米国のＥＣ比率は２０１７年で17％にすぎず、中国の30％や英国の22％と比較してもまだまだ上昇の余地が大きい。日本は10％未満に留まっている。米国市場の調査では、ネットオーダーの60％から65％が配送ベースであり、残りは店舗ピックアップとなっている。[6] ＥＣ比率の上昇は、自宅までの荷物・サービス配送の物流量の大幅増大に直結する。

その結果、配送車の台数増大、物流ＭａａＳ事業の増大につながっていくと考えられる。こういった大幅な需要増加に対応するために、多目的用途に対応できる革新的な車両パッケージング、環境にやさしいパワートレイン、自動運転技術と結合した、次世代の配送車や自動運転ＭａａＳ車両の開発を急がなければならない。

▶自動運転技術はMaaSで大きく加速

同じく、２０３０年での自動運転技術の普及率では、新車販売台数の2〜4％が、システムが運転の主導権を持つレベル4以上の自動運転車となっていると『ＣＡＳＥ革命』では予測してきた。そのすべては自動運転ＭａａＳ車両だと考えてきた。自家用車に普及するにはまだ時間が必要であるが、コロナはＭａａＳでのレベル4の社会実装を相当早めることになりそうだ。

この背景には、自動車の流入規制の強化、都市道路の走行速度の制限という欧州を中心に進んできた都市交通政策がある。走行速度の制限で低速化が進むことは、自動運転技術を導入するハードルが下がるのである。ロボシャトルのような人流MaaSに用いられる自動運転MaaS車両も、走行速度が30キロメートル以下に制限された車道であれば一般車両との混在がより容易となる。こういった流れを受けて、欧州では6人乗り程度のロボシャトルの社会実装で世界を先導する可能性が見えてきた。

米国では先述の通り大幅なEC比率の上昇を支えられる配送ロボットや多目的の自動運転MaaS車の社会実装を急がねばならない。無人搬送車には、時速6キロメートル程度で歩道を走行するスターシップに代表される無人搬送ロボットが実証実験から実装の段階に至っている。同時に、時速30キロメートル前後で車道を一般車両と混走することを前提に開発中の自動運転MaaS車両がある。この代表例が、トヨタが開発を進めるイーパレットや、ホンダがGMと共同開発中するクルーズ・オリジンである。

自動運転MaaS車両が複数の配送ロボットを倉庫から街まで運搬し、最後の2~3キロメートルの〝ラストワンマイル〟を配送ロボットが自宅のドアまで荷物を搬送する時代は、コロナが現実のものとして強力に手繰り寄せる可能性があるだろう。自動車の走行規制や低速化を進める都市交通政策には、都市道路での無人搬送ロボットや自動運転MaaS車両の普及促進との非常に高い親和性があるのだ。

➤劇的な進化を遂げるコネクティッド

最後にアフターコロナのコネクティッドの進化について解説を加える。ビフォーコロナの時代から、2030年時点でコネクティッド市場は、ほぼ100％の車両がネットワークとの接続性を持ったコネクティッドカーとなると予想してきた。ただ、自動車がアウトカーのクラウド環境とつながる接続性を得られるという「コネクティビティ」と、車両データとクラウド環境が連携し、自動運転技術や修理予測サービスのようなサービスを提供できる「コネクティッド」の間には実現できる価値に大きな違いがあることも併せて理解しなければならない。

「コネクティビティ」はスマートフォン連携や車載マルチメディアを経由して、車両の外にある無限のデータやサービスを用いた情報と娯楽の提供である。つまり、スマホをもってクルマに乗ればほぼ大抵のことができる。この領域ではGAFAとよばれる米IT企業のパワーは圧倒的だ。自動車メーカーはGAFAの提供するエンターテインメントなどのプラットフォームを活用しながら、協業関係を築く必要がある。一方、「コネクティッド」は自動車メーカーにとっては生命線となり、車両データと連携する自動運転技術やコネクティッド・サービスを自前の基盤で構築していかなければならない。

コロナはこのコネクティッドに劇的なパラダイムシフトを引き起こすと考える。なぜなら、コロナはクルマのデジタル化の加速をユーザーが強く求める契機となるからである。自動車メーカーは車両データと連携する本当のコネクティッドサービスをコアバリューとして提供することが可能となる。自動車ニューノーマルにおける最大の変化は、CASE革命の加速化である。これからは、自動車産業の設計・製造・販売・サービスそれぞれの工程でデジタル化が大きく加速するだろう。平たく言えば、自動車産業のデジタル・トランスフォーメーション（DX）に重大な加速度がつくということである。そして、デジタル化の加速が自動車の「フルコネクティッド化」と「ソフトウェア化」を一気に呼び込むこととなるのである。詳細は、第7章で展開するテスラの成功要因とひも付け、ソフトウェア時代における自動車産業の命運を左右する重大な影響の解説に譲る。

ここでは2点、重要な変化を理解したい。まずは、フルコネクティッドを前提とする車両アーキテクチャへの進化が必要となってくることだ。この結果、車両の付加価値がハードウェアからソフトウェアに大きく移行する。次に、ディーラーにおける顧客接点、顧客体験、販売工程に対しても多大なデジタル化がパラダイムシフトを引き起こすということだ。

4　アフターコロナの顧客接点とディーラーDXへの影響

➤コロナが開くオンライン販売のパンドラの箱

メディアにはコロナ禍の状況下で、新車販売やメンテナンスを非接触で実施するディーラーのオンライン販売が劇的に成長していることが大きく報道されてきた。例えば、インコロナの2020年の4月の米国販売8万台強のうち、政府向けなどを除いた約8万台のほとんどがオンライン販売だったという。フォルクスワーゲンでは、電気自動車「ID・3」販売をドイツではオンラインに一本化し、順次範囲を拡大する予定であるという。ボルボ・カーズはコロナを受けて、オンラインで販売を完了できるステイホームストアを欧州で導入すると発表している。

こうした動きが繰り返し報じられることで、何でもオンライン販売に急激に移行しているという誤解もあるようだ。そもそも新車のオンライン販売とは何を意味しているのか正しく理解をしなければならない。この点については第3章で解説したので、ここでは割愛したい。

作って儲けられず、売って儲けられず、直して儲けられない

クルマはデジタル化から大きく遅れた工業製品であった。質量の大きい物体を高速で走らせるということは、特別な品質や安全の確保が必要であり、ソフトウェアからハードウェアの隅々までクローズド・アーキテクチャで固めた工業製品であった。これは販売の領域でも同じだ。ディーラーに対しては専売制とテリトリー制を担保したフランチャイズ契約を締結し、独占的な顧客接点を持ち、広範なバリューチェーンの利益を享受できる環境を提供したのである。

自動車メーカーの収益に占めるクルマの製造利益は3分の1程度にすぎない。残りは補修部品と販売金融事業から生み出されてきた。バリューチェーンビジネスは自動車産業の収益基盤の根

本にあり、ディーラーが独占してきた顧客接点はその源泉であったのだ。要するに、「作って儲け、売って儲け、直して儲ける」というビジネスモデルを謳歌しつづけたのが伝統的な自動車産業であった。

その要にはディーラーが独占した顧客接点があった。自動車事業で儲けたければ、まずは「ディーラーを儲けさせろ」と言われるゆえんである。しかし、この結果、ディーラーのデジタル化は遅れに遅れた。泥臭い人間関係、営業担当者の手帳、頭の中だけにデータが蓄積されてきたような世界である。

しかし、コロナ危機はディーラーの非接触型のオンライン販売活動への移行を飛躍的に進めようとしている。現段階はレベル2の成長過程で、ディーラーは最終的な販売ポイントであり、かつサービスポイントとなって、顧客接点を維持しバリューチェーン事業にも関わりを維持できる。

非接触型オンライン販売があたり前になっていくなかで、アマゾンや独立ウェブサイト業者などが、さらに効率的で各段に廉価に新車を販売する時代が訪れる可能性がある。バリューチェーン事業もオープンマーケットでもっと快適にサービスを受けられるとき、ディーラーの役割は低減し、自動車メーカーとの関係性も崩壊しかねない。「作って儲けられず、売って儲けられず、直して儲けられない」。そんな状況を突き付けられる日の到来をコロナは早める可能性があるのである。

➤米国で進む非接触型の自動車購入社会

中国では、電子商取引比率は30％を超えているにもかかわらずオンラインで新車を販売するところまでは簡単に普及していない。もともとデジタル嗜好の強い国民性であり、オンラインによる情報収集やイベントへの関心度は非常に高い。しかし、「弾個車（タンガチャ）」（第3章参照）のようなアプリを経由して自動車ディーラーを介さずにオンラインだけで新車を買って満足という人は少数派だ。レベル1からレベル2の構成比はどんどん上昇するが、ディーラーを販売ポイントとして、その後のメンテナンスでの高品質なサービスを期待する傾向が強いのである。日本でも同様に人間関係を重視するところがあり、ネットで新車を購入するというセンチメントは、アフターコロナでも芽生えそうもない。

しかし、米国や欧州では想像以上にオンライン販売の重要性が高まってきている。消費者は在宅勤務で実現したデジタルの体験を、買い物だけでなく、さまざまな活動に広げていくだろう。そこから生まれてくる効率を、リアルな余暇の過ごし方などの価値向上へつなげようとしている。

もともと、米国の消費者は新車のオンライン販売との親和性が高い。車色やオプションにあまりこだわらない傾向があり、ディーラーの在庫車両から購入するクルマを選択する。一般的な消費者は新車購入時にディーラーに行くことを嫌い、可能な限りディーラーで過ごす時間を減らすことを目的に、オンラインで購入工程を進めることが多かった。そうはいっても、試乗したり、最後の契約、支払い、納車はディーラーでオフラインの関係を重視したりもする。「あなたから購入しましたから、今後のサービスはお願いします」とばかり、ディーラーとの関係性を求めたりする。

コロナを受けて、オンラインでの購入工程の存在感は一段と高まった。試乗リクエストをオンラインで実施し、試乗車両を自宅に届けてもらい自宅で戻すようなサービスがインコロナで生まれた。今後も定着、拡大する可能性はある。GMの「ショップ・クリック・ドライブ」は、在庫を検索し、車両を選び、価格を決定し、中古車の下取り価格の見積もりを取得し、ローンを申請し、試乗や新車の配達の手配もできる、オール・イン・ワンのアプリだ。最終的にディーラーを介してトランザクションが完結するため、自動車ディーラーを保護するフランチャイズ法に抵触することもない。

ホンダも2020年5月から自社ウェブサイトで「ショップ・クリック・ドライブ」とほぼ同じ工程に対応できる「ショップ・シンプル・ウィズ・ホンダ」のフル展開を始めている。ホンダによれば全米の1300ものディーラーのうち、すでに300店が同プログラムを活用し、導入準備は300店に上る。ホンダでは、自社以外の全体の85％のディーラーは何らかのオンラインプラットフォームを導入済みだという。

米国でオンラインだけですべての販売工程を終わらせるユーザーは、2019年では全体の数パーセントにすぎない。だが、契約以外はすべてオンラインで実施し、デリバリーポイントとしてディーラーに足を運ぶという消費者はすでに10％以上に達している。アフターコロナには、かなりの新車販売がオンラインだけで完結することになる可能性は高い。中古車販売ではオンライン販売はより早く進展しており、アリゾナ州テンペを拠点とするオンライン中古車販売会社カーバナ（Carvana）が躍進している。ガラス張りの立体駐車場のような自動販売機で、コーラを買うようにコインを投入して中古車を「ガチャ」のような感じで購入するのである。

▼10年単位では大きな脅威

顧客接点はますますデジタル化され、多くのプラットフォームを支配するＩＴ企業やネットプロバイダーが参入しやすくなり、多くの商圏が奪われていくリスクは大きい。サービスポイントとしてのディーラーの役割は大きく、これは今後も抜本的に変わることはないため、サービス領域で顧客接点を守り続けることがディーラーの最重要な役割となっていくだろう。バリューチェーン・ビジネスをＩＴ企業に提供されるマーケットプレースのようなオープンな取引市場に持ち込まれ、サードパーティーからのサービスに奪われてしまうことは避けなければならない。

新車販売からサービスへと顧客接点が移行していくとなれば、ディーラーの店舗の在り方も根本から変わっていくことになる。オンラインで新車を販売し、メンテナンスサービスを受け付ける顧客志向が高まってくるとすれば、ディーラーも改革が不可欠となる。２０３０年でも80％の内燃機関を搭載した車両が販売されるということは、社会に蓄積される保有車両数の中で内燃機関車両は2040年でも大多数を占める。様々な部品のバリエーションを維持し、補修や修理のサービスを提供し続けなければならない。しかし、伝統的なビジネスを維持しながら、オンライン主導の新しいビジネスへ転換していくことは容易ではないだろう。

米国にはフランチャイズ法が存在し、ディーラーの交渉権が非常に強く、構造改革を阻む側面も無視できない。ディーラーでの販売をベースとしたビジネスが短期的に急変することはないだろうが、10年単位で考えれば、ディーラーの役割を根底から覆したオンライン販売があたり前の時代が訪れかねない。全く新しいプレーヤーがその多くの新車販売を担っている時代に変わることもあり得る。その時、自動車メーカーは本当にこの産業の支配者として君臨していられるだろうか。

第5章

世界の新車需要と自動車産業の長期収益予測

1　動き出した新車需要刺激政策

▼量的変化の側面から自動車産業のファンダメンタルズを解析

リーマンショックとコロナショックには、「カネ」の停止と「ヒト・モノ」の停止という本質的な相違点があることを第1章で理解した。コロナショックの場合、活動を正常化させるのに少なくとも1～2年の時間を要すると考えている。新車販売は、いったんV字回復を実現したとしても、その先の回復・成長カーブが緩慢に留まり、中・長期の成長力を奪うリスクが今回の危機が引き起こす量的変化のポイントだ。質的な変化の大きさも第4章で強く認識した。ヒト・モノの移動の価値を形成し、質的な変化をたどる。その結果としての自動車ニューノーマルは、移動、暮らし、都市の在り方全体に大きな影響を及ぼす。

すなわち、ヒト・モノの活動の変化を予測し、量的成長の変化を予測することも大切だが、コロナショックにおいては、移動に対する価値観やモビリティのトレンドに変化が生じ、本書のテーマであるポストコロナのニューノーマルにおいて、量的成長力と質的な変容が、自動車産業の未来を混沌とさせているのだ。コロナ危機とは、出口の姿そのものと、そこに達するまでの時間軸がはっきりと見えないことが最大の特徴と言えるだろう。

本章では、動き出した経済支援活動、新車需要刺激策の内容を精査し、中・長期的な世界の新車販売台数を予測し、量的変化の側面から自動車産業のファンダメンタルズを解析することを目指す。自動車メーカーの収益性や競争環境の変化や課題をあぶりだし、コロナがもたらす量的変化にいかに戦略的に対応する必要性が高いかを示す。

▼リーマンショックでは多くの自動車メーカーが経営危機に

第1章でも少し触れたが、リーマンショックの記憶をもう少し詳しく思い出してみよう。サブプライムローン危機に端を発した米国の金融危機から、一気に世界的な金融システム危機に陥った。販売金融事業と密接につながった世界の新車需要は、消費マインドの冷え込みとも相まって、瞬間的に30％消滅した。金融のレバレッジ（梃子の効果）を利用してリース車両を売りさばいてきたのが危機直前の自動車産業であった。リース車両は自動車メーカーの子会社の金融資産に化けていたわけであり、金融システムの崩壊とともに資金繰りは行き詰まり、世界の多くの自動車メーカーが経営危機に追い込まれていた。

米国ではGM、クライスラーが経営破綻処理、欧州でもポルシェが経営危機に陥りVWに買収され、スウェーデンのサーブは破綻消滅した。自動車産業とは国家にとって失うことのできない、雇用と経済政策の要である。政府からの資金援助を受けながら多くの自動車メーカーがなんとか経営危機を乗り切ったのである。

図表5-1●リーマンショック後の主要国のSAARの回復トレンド

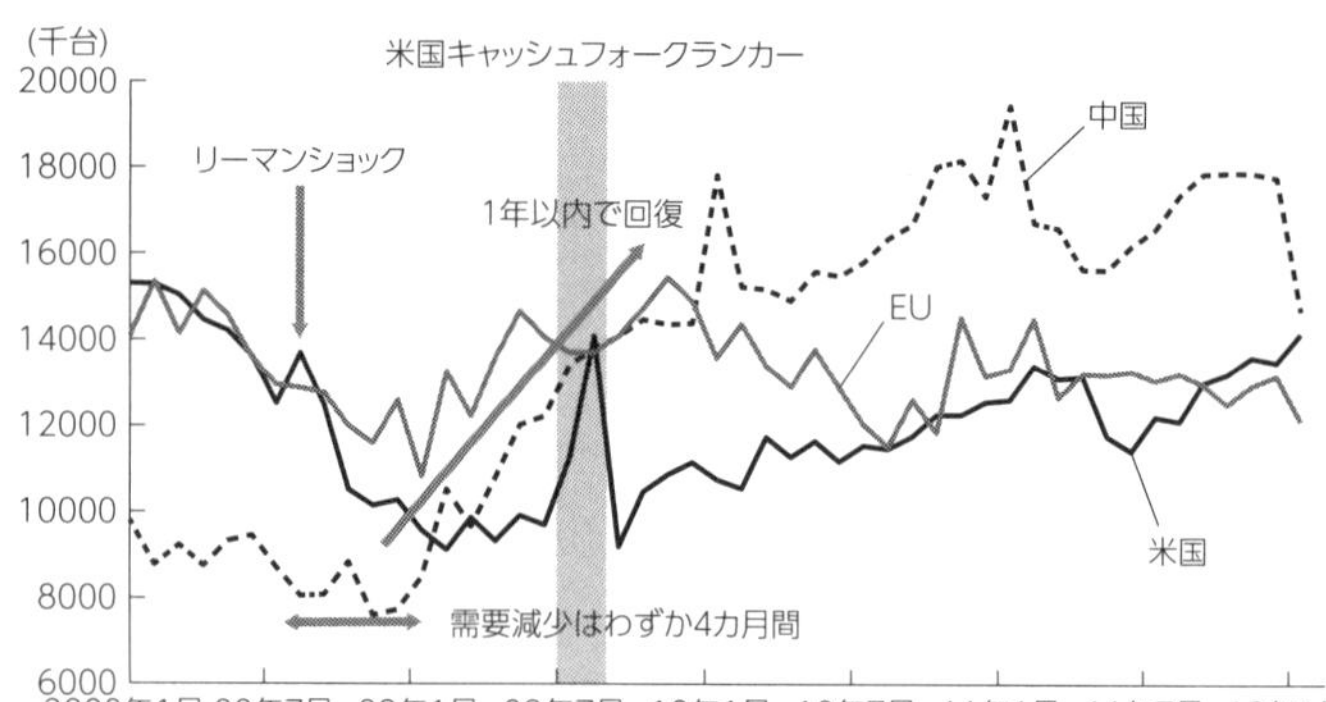

出所：Autodata、ACEA、CAAMのデータを基にナカニシ自動車産業リサーチ作成

米国政府は500億ドルを自国の自動車産業支援につぎ込み、GMは当時「ガバメント・モータ－ズ」と呼ばれた。その公的支援をめぐる2008年12月半ばの米国議会公聴会は大荒れだった。プライベートジェットに乗って公的資金援助の要請へのこのこ出かけた自動車メーカー首脳に対し、世論は激しく非難した。つなぎ融資はもはや成立困難か、と天を仰いだ瞬間が実はリーマンショックの新車減少のボトムであったのだ。

▼リーマンショックの新車需要刺激が劇的効果を生んだ理由

図表5－1に、主要国の新車需要（ここでは季節調整後の年率換算レート、SAARで見る）のリーマンショック前後の動きを示した。サブプライム問題を受け新車需要は2008年2月をピークに減少トレンドに入っていた。リーマンショッ

クは２００８年9月に勃発、その後一段と需要は急落する。しかし、転換点はわずか4カ月後の２００９年1月に訪れ、その後、力強い回復を遂げたのだ。ＳＡＲは危機勃発後わずかに9カ月で危機前の水準に回復している。すなわち、ほぼ1年で概ね危機前の水準に回帰できたというわけだ。

カネの動きの停止が主因であったリーマンショックは、企業のバランスシート調整という副作用は大きかったが、消費者の購買意欲は健在であった。金融システムの立ち直りを待って、各国で財政発動を実施したことで、経済は比較的早期に立ち直った。欧州と中国の新車需要刺激策が強い原動力となったことは先に触れた。

世界経済回復へ強力な政策の引きがねを引いたのが中国であり、4兆元にも達する「10大産業調整振興計画」で大型の景気刺激策を実施した。その中で、１６００cc以下の小排気量乗用車の車両購入税を10％から5％に減税。これが絶大な効果を生み出した。同時に、「汽車下郷」と呼ばれた農村部に限定した新車購入プログラムを導入した。農民が排気量１３００cc以下のワゴン車を購入したり、軽型トラックへ買い替える場合、販売価格の10％にも相当する補助金が支給された。

この結果、２００９年の中国自動車販売台数は前年比32％もの大幅な増加を演じ、米国を抜き世界一の自動車販売大国に飛躍したのである。新車需要のけん引役が先進国から新興国へ移行するという、パラダイムシフトを手繰り寄せたのがリーマンショックであった。

2009年が明けて早々、欧州各国では新車需要を喚起するスクラップ・インセンティブの施策を次々と決定していった。1台あたり1000ユーロから3000ユーロの補助金をCO_2排出量が140g/km以下を中心とする燃費性能車への買い替え時に付与された。この施策が奏功し、同年2月にはドイツ、英国、フランス、イタリアで新車需要はV字型の回復へ転じた。日本では、総額5837億円を投入し、「エコカー補助金」と銘打った登録車10万円/軽自動車5万円の新車購入への補助金制度が2009年4月から翌年9月まで実施され、劇的な効果を生み出した。さらに、「エコカー減税」として自動車取得税・重量税の大幅な減免を実施してきた。

米国は、破綻自動車メーカーの処理にてこずり需要刺激策の発動に若干出遅れたが、2008年7月1日に「キャッシュ・フォー・クランカー」の愛称が浸透しているCARS（The Car Allowance Rebate System）を実施した。当初予算10億ドルはわずか1週間で瞬間蒸発し、追加分を含めて30億ドルもの大規模なスクラップ・インセンティブとなったが、それも2カ月弱後の8月24日には予算額をすべて消化して終了した。

この需要刺激策は、Economics Bulletinの試算では、45万〜71万台の販売拡大の効果があったとされる。[7] このプログラムで最も購入された車両はトヨタの「カローラ」となり、当時の売れ筋SUVであったフォードの「エクスプローラー」が最も多く下取りに出されている。単なる需要の先食いにすぎず、効果の半分以上を燃費性能の高い日本車が享受し、苦境の米国メーカーには大した援助にならなかったのではないかという批判を残している。

▼コロナ危機でも欧州主導で需要喚起策発動

リーマンショック後の新車需要刺激政策は、危機の２００８年９月から数え、５カ月後から12カ月後に世界各国で発動され、高い効果を生んだ。コロナ危機の脱出にも同様な対策が期待されるだろう。２０２０年２月を起点に考えれば、５月に中国、８月頃から欧州へ波及し、年が明けた２０２１年春までに米国、日本での政策発動が進んでいくと考えられる。

中国の需要喚起策は、大規模な中央政府の財政支出に依存するのではなく、地方政府主導の比較的小幅な政策の積み上げに留まった。２００９年当時と比較して中国の財政出動余力が小さいことや、米国との厳しい貿易戦争の最中にあることも、政策の幅を狭めている要因だと考えられる。その結果、順調に中国新車需要は回復を遂げているが、低成長という中国の新車市場のニューノーマルが大きく変質するものでないことはすでに指摘した。

先進国では、欧州の動きが今回も早い。西欧主要４カ国の新車消費喚起策が出そろい、リーマンショックの時と同じく欧州が回復を先導することになる。最も先行したのがフランスだ。５月28日に自動車産業に対し、総額80億ユーロの支援策を含んだ「Prime à la conversion ajustee（車両買い替えプログラム）」を発動した。２０２０年12月までの期限とし、最大申請件数20万台の低排出の環境適車両の販売促進を受け付ける。

インセンティブとエコロジーボーナスの2つが存在し、EVへのインセンティブは1台あたり7000ユーロ（販売価格4・5万ユーロ以下の場合）、ボーナスはEV／PHEVが5000ユーロ、内燃機関車は3000ユーロとなる。EVは合計で最大1・2万ユーロもの補助金を受けることが可能だ。さらに、コロナ危機を好機に変えるべく、2025年までにフランス国内で100万台の電気自動車を生産する長期目標を設定していることが注目だ。EVの充電スポットを2021年末までに10万カ所設置することも含まれる。

ドイツは、1300億ユーロ（約16兆円）の追加経済刺激パッケージに自動車需要喚起策を盛り込んだ。「経済危機対策パッケージ」（800億ユーロ）と「未来パッケージ」（500億ユーロ）の2本立てで手厚い対策を策定した。経済危機対策パッケージにおいては、2020年12月末まで、付加価値税を19％から16％まで3％の軽減を実施する。この効果は絶大だろう。

未来パッケージでは、EVを中心に、プラグイン・ハイブリッド、燃料電池車という電化車両のみを対象とする。EVの場合、政府補助金額は、現在の1台あたり3000ユーロから6000に倍増する。自動車メーカーからは従来通り3000ユーロのボーナスが支給されるわけであり、合計で9000ユーロものインセンティブがEV購入で享受できる手厚い施策となった。ただし、未来パッケージに対するドイツ自動車産業連合会（VDA）の失望は大きい。VDAはVWと共闘し、いまだ数百万台も現存するユーロⅡ～Ⅲの古くて環境に悪い車両の買い替え促進インセンティブを求めていた。

スペインとイタリアではEVやプラグイン・ハイブリッドに加え、内燃機関車も幅広く買い替えの対象としたところが特徴だ。スペインは10億5000万ユーロを買い替え促進策へ投下。乗用車と商用車に約半分ずつを支出する。イタリアの「Decreto Rilancio」プログラムでは、スクラップ・インセンティブと、エコカーボーナス・プログラムを2020年8月から並行実施する。EVが4000ユーロ、PHEVが2600ユーロに加え、内燃機関車も400ユーロから1000ユーロのインセンティブが付与される。

リーマンショック時、欧州でのスクラップ・インセンティブの効果は約65万台の新車需要の創造効果があったと試算されている。今回のコロナでは対象をEVなどの電動車に絞っていることもあり、効果は45万台強になるのではないかと筆者は試算している。この効果は必ずしも小さくはなく、同地域の新車需要回復のけん引役を果すだろう。同時に、欧州では2021年に向けて企業平均燃費（95g／km）への準拠が求められている。この準拠を強く支援する施策となる。

▼日・米はいまだ形になったものはない

リーマンショック後に導入した日本のエコカー減税は、燃費基準値および軽減措置の見直しを定めながらも再延長が続き、結局2019年3月まで延長されていた。自動車取得税減税は2019年9月末で廃止され、その後は環境性能割へ制度移行しているが、その実施は2020年4月まで延期されている。自動車重量税減税は2021年4月末まで延長されている。

環境性能割は2019年10月の消費税率増税と同時に導入されているが、当初1年間は本税率より1%減税される臨時的軽減措置が行われ、コロナ感染拡大に際し、経済的救済措置として対象期間を2021年3月末まで拡大することが決定されている。2021年度税制改革大綱の中で多くの国内車両税制は見直しを迫られるタイミングが一致する。この結果、コロナ経済対策に向けた需要喚起策があわせて議論される可能性が高い。

米国においても議論が始まり、自動車メーカーへのヒアリングが行われているようだ。2021年の春をめどにスクラップ・インセンティブの検討を進める可能性はある。いずれにせよ、大統領選挙の結果を睨みながら、議会は議論を進めていくだろう。

2 グローバル新車需要——予想される3つのシナリオ

▼ベースラインと第2波悲観シナリオ

ウィズコロナに入り、停止した「ヒト・モノ」は動き始めた。世界の新車需要がいったんは危機前の水準に回復はできるが、要するに問題はそこから先だと筆者は主張してきた。どのような価値観と生活様式で「ヒト・モノ」が再生されていくのか、回復の先にあるロードマップは幅広いシナリオを考えていかなければならない。本章では、世界市場の長期予測を大きく3つのシナリオに分けて影響を整理したい。

ベースラインシナリオは、現状の抑制策が有効に働き、新たなロックダウンや「ヒト・モノ」の滞留を回避できるシナリオである。OECDの2020年6月の報告書を基に、グローバルGDP成長率は2020年がマイナス6%、2021年にプラス5・2%を実現することを前提に置く。コロナ危機では中期的なV字成長が望みにくい。サービス部門中心に低稼働率が長期化することに加え、各政府の経済政策は無尽蔵に可能ではなく、どこかで終了し需要回復の停滞や雇用不安が長期化する懸念があるだろう。

第2派悲観シナリオは、OECDが示す「ダブルヒット・シナリオ」に考え方が近い。経済活動の再開に伴い、2020年の秋以降に、第1波よりも小規模の第2波が到来し、一定の経済活動の停滞を引き起こす懸念を織り込んでいる。2020年のグローバルGDP成長率はマイナス6%と同じだが、2021年は同3%程度へ成長率が鈍化することを前提に置く。ワクチンの普及や、特効薬開発を期待しており、第1波の時のような大流行や経済的な混乱は回避できるだろうが、一段と経済の回復・成長を慎重に見るシナリオとなる。

楽観シナリオは、夢の特効薬が生まれ、経済成長も高まり、2024年までにビフォーコロナで想定していたグローバル新車需要の長期トレンドへV字の回復を遂げるというシナリオだ。高い蓋然性があるとは考えていない。

▼2022年で1500万台強も需要水準は下振れ

以上の3つのシナリオをベースに世界需要の長期予測をプロットしたものを図表5－2に示した。太い実線はグローバル需要の実績を示し、2020年以降はコロナ危機を迎える直前に予測していたビフォーコロナの成長予測ラインである。破線はその傾向線である。2016年にグローバル新車販売台数は9230万台でピークを打ち、その後は中国・米国ともに穏やかな調整局面に入っていた。リーマンショック以降、中国市場の成長がややバブル的であったことに加え、米国の需要回復も想像をはるかに超えた好結果であった。トレンドを上方乖離する大きな超過需要が発生しており、その調整として近年の需要減少には強い違和感はなかったのである。

しかし、2020年はコロナの影響を受け、大幅減少となる見通しだ。1Q（1－3月期）は前年同期比24％減、2Q（4－6月期）は同29％減となり、予想を若干上回って着地した。3Q（7－9月期）は同14％減、4Q（10－12月期）は同7％減を予想し、2020暦年では同20％減の7089万台に後退することが予測される。リーマンショック直後の2010年レベルの水準まで後退するわけだ。

回復力は地域間で格差がある。中国市場では商用車、高級車の需要増加が顕著で、乗用車の在庫再投資の効果が顕在化し、販売は好調だ。米国ではゼロ金利販売といったインセンティブ増加に対する数量感応度も高く、不況下でもライトトラックがある意味バカ売れに近い状態である。

そこに2020年夏からは欧州主要国での新車需要刺激策の効果が加わり、欧州販売がプラス成

図表5-2●グローバル新車需要の長期見通し：3つのシナリオ

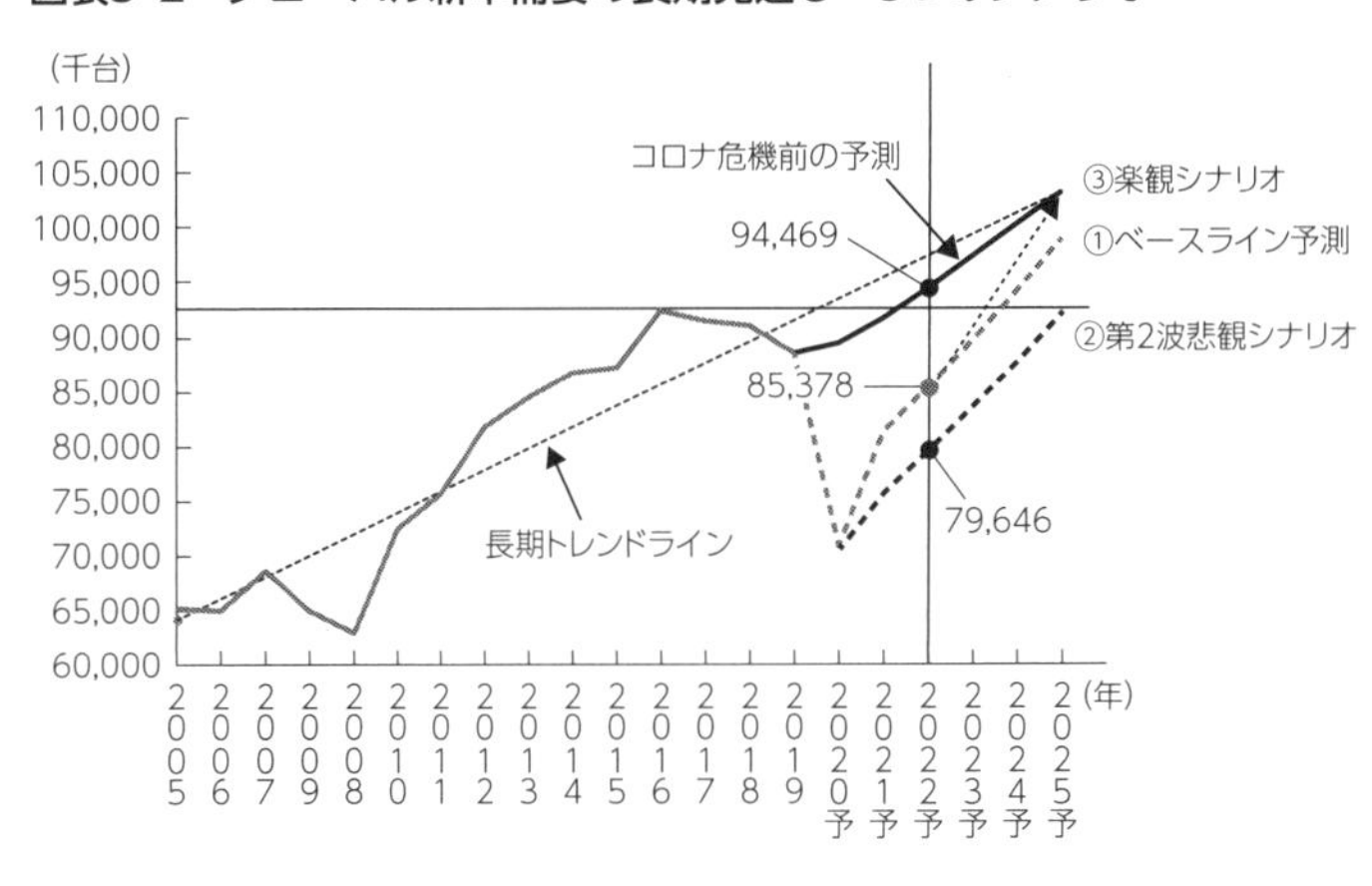

長に転じて本格回復期に入ってくる公算だ。一方、日本、東南アジア、インド、中近東などの回復が遅れている。新興国は経済環境や販売金融システムの好転に時間を要するため、回復期は2021年を待たねばならないだろう。

ベースラインシナリオにおいては、2021年は世界経済の回復を反映し、前年比15％増の8132万台のグローバル新車販売台数を筆者は予測する。この前提では、2016年のピーク需要に達するのは2024年となるが、長期トレンドラインに到達するのはかなり先の出来事となる。

第2波悲観シナリオの場合、2021年の成長率は前年比7％増の穏やかな回復に留まると見ている。その後、年率5％程度で回復が続くとしても、2025年の段階でもピーク需要を更新できない見通しだ。グローバルの自動車産業はゼロ成長を視野に入れた戦略の再検討が必要となってくる。

中期目線の2022年の段階で、コロナ前の予測と比較してベースラインシナリオで1000万台弱、第2波悲観シナリオでは1500万台もの需要が下振れすることになる。第2波悲観シナリオにおいて、コロナ危機は2022年までの累積で250億ドル（約2兆6750億円）のキャッシュフローをグローバルの主要8完成車メーカーから奪い去る計算である。本格的な構造対応が自動車産業に求められることは言うに及ばず、世界のアライアンス戦略へも多大な影響を及ぼすことは想像に難くない。

▼全く回復しないシナリオは本当にないのか？

しかし、この3つのシナリオいずれをとっても、時間の差はあれ右肩上がりの回復を期待しており、どこかで自動車の需要構造は再現されるという、楽観論で成り立っていることを否定しない。コロナ危機によって自動車産業の量的な成長が止まったとは考えられない。言い換えれば、コロナが及ぼすモビリティの大変革を主張しながらも、数量的に革命的な変化が訪れるという懸念を筆者は持っていないのである。

そういう未来を信じたくはないし、人類の英知や医学の進歩は困難を乗り越えると確信している。また、時間を要しても、新興国経済の回復とともにクルマを保有し移動の自由を獲得したいという人々は何億人も存在していることは事実だ。最も強く確信しているのは、コロナ禍の後でも、人類のリアルな移動に対する喜びとその欲望は変わらないということである。
もし仮に、コロナ禍で人々がリアルな移動に興味を失い、自宅に留まりバーチャルな世界で暮らし、クルマの保有を放棄するという未来が訪れるとしよう。移動への興味が薄れ、２０３０年における車両の移動距離（ＶＭＴ）が２０１９年比で2割程度減少する前提で考えてみる。車両の年間平均移動距離や、耐久年数が変化しないとすれば、単純な計算として保有台数は同じ20％近く減少し、新車への代替台数（＝新車の年間販売台数）はもはや元の姿には戻れない。２０３０年でも８０００万台程度のグローバル販売台数に留まるだろう
ただし、これは机上の空論にすぎない。第4章のＶＭＴの成長率で見えた結論は、移動の喜びはポストコロナでも決して変わることはない、であった。ロックダウンが解除された米国や欧州で、レジャー用品へのリベンジ消費が起こり、ひと夏のドライブ旅行が家族と謳歌された。移動の喜び、人との交流、家族との親密でプライベートな空間という、コロナ禍で一時的に奪われたリアルな移動の大切さを再認識させただろう。
いつか量が回復するというのであれば、「背を低くし、危機が通り過ぎ去るのを待てばよいではないか」という反論もあるだろう。それには、筆者は同調できない。コロナが及ぼす自動車産業への影響は、量的変化は言うに及ばず、質的変化を克服することがより困難を伴うということを理解することが重要である。量的変化が及ぼす影響を直視しなければ、質的変化への対応余力は全く不十分となるだろう。

量的変化が産業の収益構造に及ぼす影響は甚大である。1台の製造・販売から得られる収益が減少する、いわゆる産業のバリューチェーンのスマイルカーブへの変革はコロナによって加速するだろう。ハードウェアのコモディティ化、ソフトウェアの差別化が進むことから、付加価値はハードウェアからソフトウェアに移行する重大な契機ともなるだろう。

何よりも、これまでリアルなものづくりや、リアルな顧客接点に成り立った自動車産業にも、いよいよデジタル化の荒波が押し寄せることは間違いない。何度も指摘してきた通り、リーマンショックが新興国成長を未来から手繰り寄せたのと同様に、コロナショックは自動車産業のデジタル化、つまり「CASE革命」を手繰り寄せることになるのである。

3 シナリオ別自動車メーカーの財務分析

▶ほとんどのメーカーで危険水域(レッドゾーン)へ

それでは、現時点で予測されている量的な変化が産業にとってどれほど強烈な影響を及ぼすのかを試算してみよう。ベースライン、第2波悲観の2つのシナリオに沿って国内のトヨタ、ホンダ、日産の3社、米国のGM、フォードの2社、ドイツのダイムラー、VW、BMWの3社の合計8社を対象に、ポストコロナの財務分析を実施する。

図表5-3 ● 2021年度のシナリオ別収益状況（営業利益率の比較）

	トヨタ	ホンダ	日産	VW	ダイムラー	BMW	GM	フォード
ビフォーコロナ	☺	☺	＞＜	☺	☺	☺	☺	☺
ベースライン	☺	☹	＞＜	☺	☹	☺	☹	＞＜
悲観シナリオ	☹	＞＜	＞＜	☹	＞＜	☹	☹	＞＜

営業利益率　☺ 5%以上　☹ 3%以上～5%未満　＞＜ 3%未満

営業利益率5%以上を存続に不可欠な収益性と考えたとき、ビフォーコロナでは構造問題を抱えていた日産を除き、グローバルの大手メーカーは5%以上という生き残りの敷居を2021年度予想で超えていた。しかし、コロナ禍のベースラインシナリオでは、フォードがレッドゾーンに落ち込み、ホンダ、ダイムラー、GMも警戒水域に落ち込む。第2波悲観シナリオに至っては、全社生き残りの敷居から脱落し、ホンダ、ダイムラーもレッドゾーンに転落すると予想される。

分析の為替前提はドル＝105円とした。また、固定費構造の前提は、ボトムアップで積み上げ予測を用いているが、ベースラインから第2波悲観シナリオに移行する時、追加の固定費削減効果を予測には入れていない。台数前提は2019年実績市場シェアを用いて将来のグローバル販売台数を予測している。価格変動、構成変動、変動販売費変化は考慮していないし、サプライチェーンの構造改革対応費用、環境規制対応費用も大幅な構造変化を織り込んでいるわけではない。したがって、実態はこういった試算値よりもより厳しいリスクを孕んでいる。

▼開発費構造の効率化固定費構造の見直しはどこまで必要か

ベースラインシナリオに基づけば、調査対象8社合計で製造部門キャッシュフローはビフォーコロナの期待値から2020年で100億ドル（約1兆700億円）も減少し、2022年までの累積で150億ドル（約1兆6000億円）のキャッシュフローを喪失すると試算される。これが、第2波悲観シナリオになれば、2022年までの累積で250億ドル（約2兆6750億円）のキャッシュフロー喪失へ一段の悪化が予想される。

各社は「CASEといった不可欠な先行開発や投資領域は歯を食いしばってやり抜く」と声をそろえるが、実際の財政状況はギリギリの状態に陥っているのである。仮に、第2波悲観シナリオで5%以上の営業利益率を目指し、かつCASE領域への投資を削減しないとするのであれば、固定費の適正化でざっと3兆円、CASEを除く一般領域の研究開発費の効率化で全体の15%（金額レベルで3兆円弱）の構造改革を断行しなければならないのである。

グローバル自動車メーカーの研究開発費の対売上高比率はじわり上昇トレンドが続いている。グローバル平均で売上高の5%レベルが定着してきた。近年は先端研究領域10%、CASE対応を含めた先行領域開発で40%の合計50%近くを先端・先行領域へ支出していると考えられる。売上レベルが減少するなかでも、CASE領域の開発を削減することは競争上困難な状況である。

図表5-4 ● 悲観シナリオで一般領域R&Dに求められる効率化

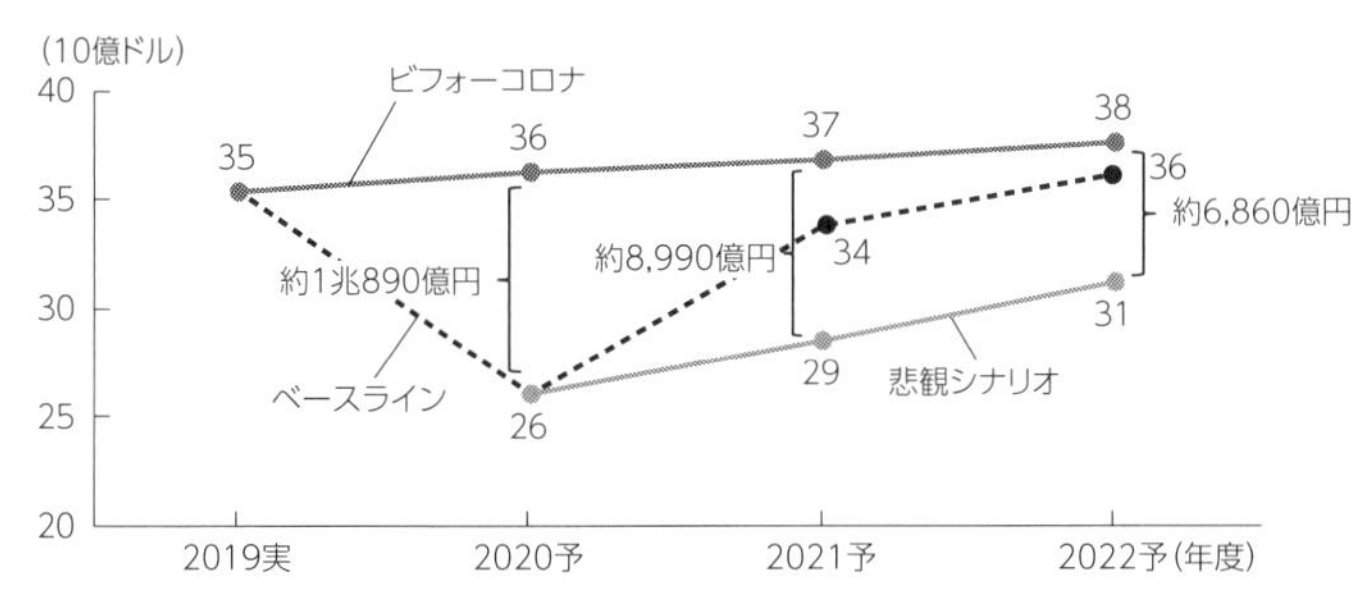

注：VW、BMW、ダイムラー、トヨタ、ホンダ、日産、GM、フォードを含む
出所：ナカニシ自動車産業リサーチ

ビフォーコロナに定めたCASE開発支出を止めないということは、残る一般領域の支出を効率化し削減する以外に方法はない。研究開発費の約半分を占める一般領域の開発費用を15%落とさなければ、収益悪化に歯止めがかからないという意味だ。

これは容易なことではない。すでに、来るCASE革命を受けた伝統領域の売上高成長期待や付加価値率の低下を見越し、開発点数削減、標準化、部品共通化、アライアンスの活用などを盛り込み、30%水準の一般領域の開発プロセスの効率化は業界全体で取り組んできたことだ。その上に、さらに15%の効率化が不可避となれば、いま一度、伝統領域の将来商品計画、パワートレイン戦略も含めた抜本的な開発プロセスとリソース配分を根底から見直していかなければ実現できないだろう。

アライアンス戦略の再考も不可欠となる。第7章でより詳細な展開を議論するが、ポストコロナでは、自力でCASE/DXの加速化を志す強みをさらに増す自動車メーカーと、新たなアライアンスを軸にそれに対抗をしていく道を探るグループに色分けされそうである。個別では自らの効率化に限界が見え始めているなかで、従来とは次元を超えた新たな発想のアライアンス戦略が必要となってくるだろう。

4 国内主力自動車会社の生き残り策

▼トヨタ自動車の戦略：絶対赤字にならない体質

2020年度の4―6月期は、コロナ感染の都市ロックダウンのピークがヒットしたため、中国を除く世界の自動車生産・販売活動は多くの地域で操業が止まった。日本の自動車メーカーの世界工場稼働率も4月に20%というほぼ止まっているのと変わらない水準にまで落ち込んだ。

7月から8月にかけて自動車会社の決算発表が続き、先述の主要8社合計の営業赤字総額が1兆2703億円に達する厳しい内容となった。その中で、営業黒字を確保したのはトヨタ自動車1社のみであった。自動車事業は装置産業であり、構造的に固定費が高いため、損益分岐点売上高は通常の売上高の80%（すなわち20%以上減収したときには営業赤字に陥る）程度が一般的だ。トヨタも同様であるが、売上高が前年同期から半減する決算期で営業黒字を維持するということは、驚異的な安定性を示したことになり、世界の自動車会社は驚きを隠せなかった。

数年前から進めてきたホーム&アウェイ戦略（グループ全体の事業を競争力で勝っている拠点に集約し、再構築していく戦略）の目玉でもあったECU（エレクトロニック・コントロール・ユニット）を中心とする電子部品事業のデンソー集約を実現するために、同社の広瀬工場をデンソーに売却した一過性利益が500億円強含まれる。会計的な追い風があったことは事実である。

コロナの影響で先行きの見通しが立たないため、5月の本決算発表で2020年度の業績予想を見送る会社が続出するなかで、見通しを示せたのもトヨタだけであった。豊田章男社長が計画開示に強くこだわったといわれる。誤解を招くリスクもあるが、社内の危機対応、業界全体の経営努力に向けて、何らかの「基準」が必要だという豊田社長の考えがあったためだ。筆者のように未来を予測する立場としては、コロナ危機に一条の光を見た思いであった。

リーマン危機で経験した連結販売台数の減少幅135万台と比較して、コロナ危機の販売台数の減少は195万台と大幅に拡大する。営業赤字に転落したリーマン時とは違い、今回は営業黒字を確保できると、豊田社長は就任以来10年目の成果に胸を張った。

企業体質を強化したことで、こういったご時世にでも黒字を確保できるのである。さらに、コロナ禍を受け、「〝YOU〟の視点」を持つ人材を育成すること、自分以外の誰かの幸せを求める人材を育成し、SDGsに本気で取り組むことを新たな決意として示したことが印象的であった。

図表5-5 ● どんな局面でも赤字に転じない体質

①20/3期→21/3期(コロナショック直後の1年間)
195万台もの連結販売台数にもかかわらず営業利益は黒字を確保

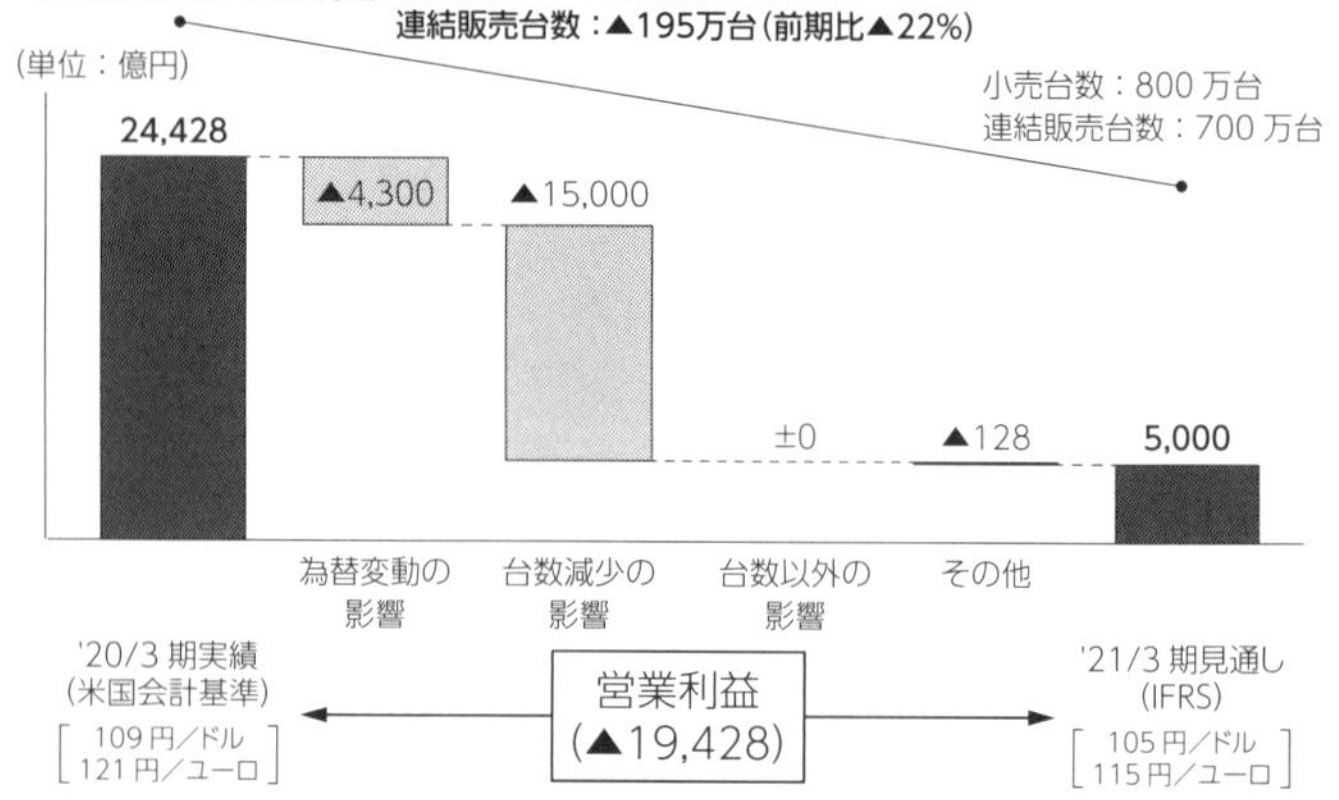

②'08/3期→'09/3期(リーマン・ショック直後の1年間)
台数大幅減に、円高の影響も重なり、赤字に転落

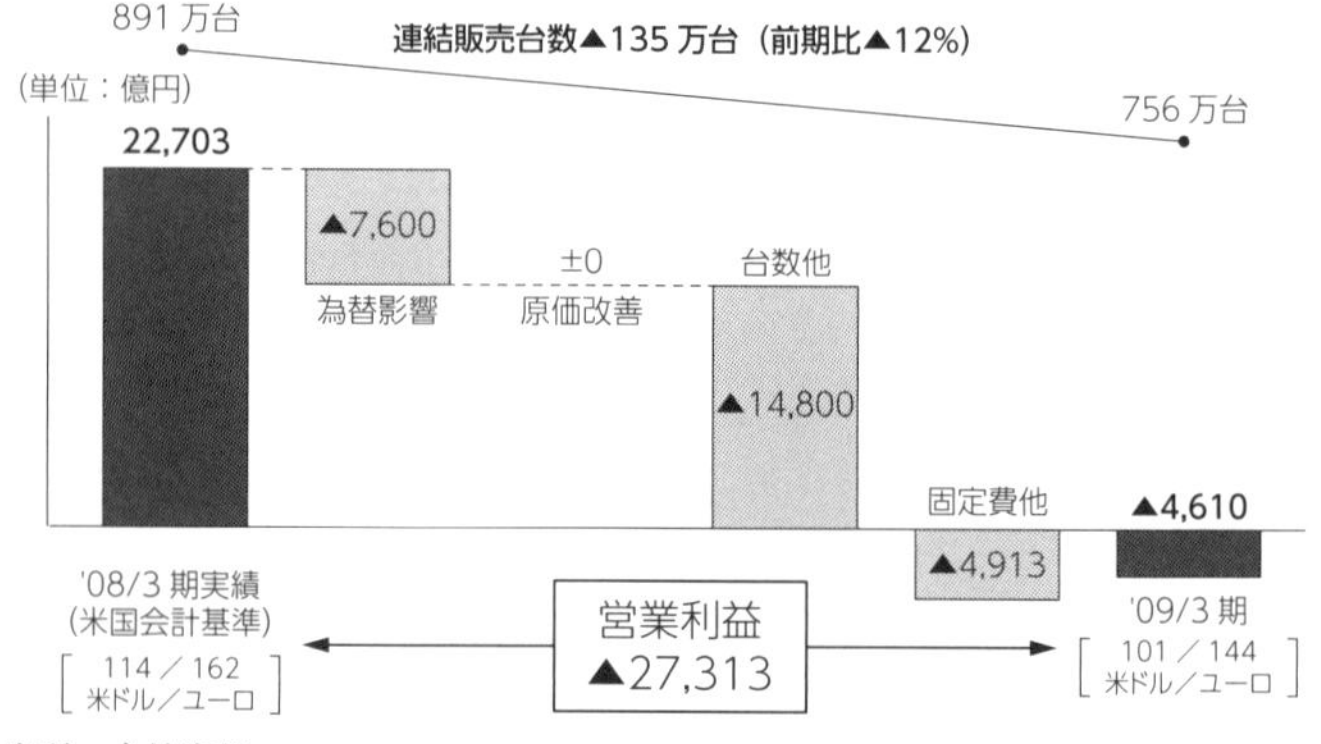

出所：会社資料

➤ホンダの戦略――トヨタから10年遅れの構造改革を断行

将来への方向性を熱く語ったトヨタ自動車とは対照的に、同様に5月の決算発表に登場したホンダの八郷隆弘社長は物静かな説明に留めた。事業構造改革の進捗や、「ホンダ eMaaS」と銘打ったCASE時代の新規事業領域の説明など、発すべき情報は山とあるが、コロナ危機の最中であえて黙する作戦を選んだ。

サクセス・ストーリーで彩られた企業としてのオーラがホンダから消えて久しい。ホンダは2000年代の米国での住宅バブルの中で高収益、高成長に甘やかされ、大企業病と「2020年ビジョン」と銘打った構造転換で向かうべき方向を見誤った。自動車事業ではコスト競争力で見劣りし、エンジン技術も現在は凡庸と化した。技術レベルの低下とブランドの個性喪失という迷路に迷い、規模拡大とホンダらしさを両立できないという深刻な状況に2010年代半ばにたどり着いてしまったのだ。

ホンダの自動車産業における将来の存在感には、不透明感が漂ってきた。弱り目に、CASE革命のような自動車の100年に一度の技術革新やビジネスモデルの変革が差し迫る。IT、自動車技術、人工知能などのCASE革命に欠かせない技術群でも追いつかなければならない領域が山積している。相対的な業績好調に見えるのは、アジアの二輪車事業が絶好調で支えているためで、自動車事業は危機の塊であることを理解したい。2016年に登板した八郷社長には、こういった輝かしい歴史を蝕む構造的な病巣を切り取り、企業存続の難所を切り抜ける大役を背負わされてきたのだ。

ホンダは生産能力を600万台目標から490万台程度にする適正化を進めてきた。「ホンダアーキテクチャー」と銘打った新プラットフォームを2020年末に導入し、将来製品の一括企画、モジュール開発といった欧州勢が2000年代に築いた標準開発プロセスを導入する。トヨタ自動車がTNGAと銘打った欧州型標準化の新プラットフォームを導入したのは2014年のことだ。そこから遅れること10年近くである。

八郷改革の総仕上げが、2020年4月に実施された、ホンダの四輪事業本部と開発を司る本田技術研究所の四輪開発センター、生産を司るホンダエンジニアリングなどの、営業（S）・生産（E）・開発（D）・購買（B）の領域を一体化して効率的な四輪車事業の運営に転換することだ。北米生産体制の効率化と合わせて、2022年以降、ホンダの四輪事業収益体質向上の重要なけん引力となるだろう。

伝説の創業者である本田宗一郎が描いた本田技術研究所の本来の姿とは、浮世を離れた理想郷で自由闊達に技術者の創意工夫を促すことであった。ところが、規模が拡大し非効率にまみれた開発工程に追われる中で、研究所は創意工夫どころか、目先の山のような開発工程をこなすだけの閉鎖的な組織に陥ってしまった。研究所を本来の技術者の理想郷に戻すには、聖域にメスを入れ、営業と開発が一体となって開発効率を高め、限りあるリソースをCASE革命で生かせる先端技術領域の研究に集中させることだ。

本田技術研究所の吸収統合に際し、ホンダから興味深い1本の吸収分割に係る事前開示書面が適時開示された。2019年度の本田技術研究所の受託研究料（＝売上高）の7150億円のうち、実に5214億円が四輪商品開発および開発に付随する運営・管理としてホンダに吸収分割されるという。すなわち、その数値がホンダの四輪車事業の量産車両の開発費に等しいわけで、500万台規模の自動車事業から判断して、いかに非効率的であるかを如実に示した格好となった。その30％を効率化することで、2000億円近い効率化を図ることも可能だ。コロナによって加速される自動車産業のデジタル化、CASE革命に勝ち残るには、避けて通れない重大な内部改革である。

▼日産——遅れた大リストラと未来戦略

黒字利益計画を発表したトヨタと対照的な立場に立ったのは日産自動車だ。海外逃亡したカルロス・ゴーン前社長の拡大経営の躓（つまず）きや、経営統合をめぐる大株主の仏ルノー社との対立とアライアンスの機能不全に陥り、日産の経営は混迷し続けてきた。2019年11月に新CEOに昇格した内田誠社長が定めた経営再建策「日産ネクスト」、ルノー・日産・三菱3社連合のアライアンス戦略など、5月は同社にとって命運をかけた未来計画をたて続けに発表することとなった。

しかし、2019年度は、カルロス・ゴーンの「日産リバイバルプラン」を受けた1999年度の6844億円の最終赤字に次ぐ、6712億円の最終赤字に落ち込んだ。「日産ネクスト」

に向けた構造改革費用を含めた2020年度の最終赤字も6700億円と、巨額の赤字から企業再生を目指すこととなった。コロナ禍がなくとも避けて通れなかった企業再生であるが、コロナ危機が加わったことで、一段と踏ん切りのついた決断が行えたとも言えよう。

2019年度、2020年度の2年間で約2000億円の構造改革費用、約5000億円の会計的な営業用資産減損を計上する。2万人の人数削減、20%の生産能力削減、インドネシア、スペインの2工場の閉鎖などがその主体である。この結果、3000億円の固定費を削減し、2024年度に中国事業の比例連結ベースで営業利益6%以上を目指す計画だ。

20%の生産能力削減とは凄いという見方もあるが、実際に完全に閉鎖する工場は、ほぼ休止状態のインドネシア工場（能力15万台）とスペイン工場（能力20万台）の2工場にすぎない。720万台のピーク生産能力とは、実現不能な年間5150時間の稼働時間をベースに置いたもの。そこから10%下げた660万台が前経営陣の計画であったが、「日産ネクスト」はそれに10%積み増して600万台に引き下げたのだ。それを一般的な標準操業（2時間残業、2日休日シフト）の4400時間に引き直したのがキーナンバーとなる540万台である。

2020年度の世界販売計画が415万台にすぎないとすれば、540万台の生産能力は極めてリーンな体質を構築したとは言い切れない。540万台に対し日産は「非常に現実的」と胸を張るが、不可能とは言わないまでも、それなりにストレッチした目標に映る。図表5－6では、ポストコロナの楽観、ベースライン、第2波悲観のそれぞれのシナリオにおける2024年度の

図表5-6 ● 「日産ネクスト」の概要

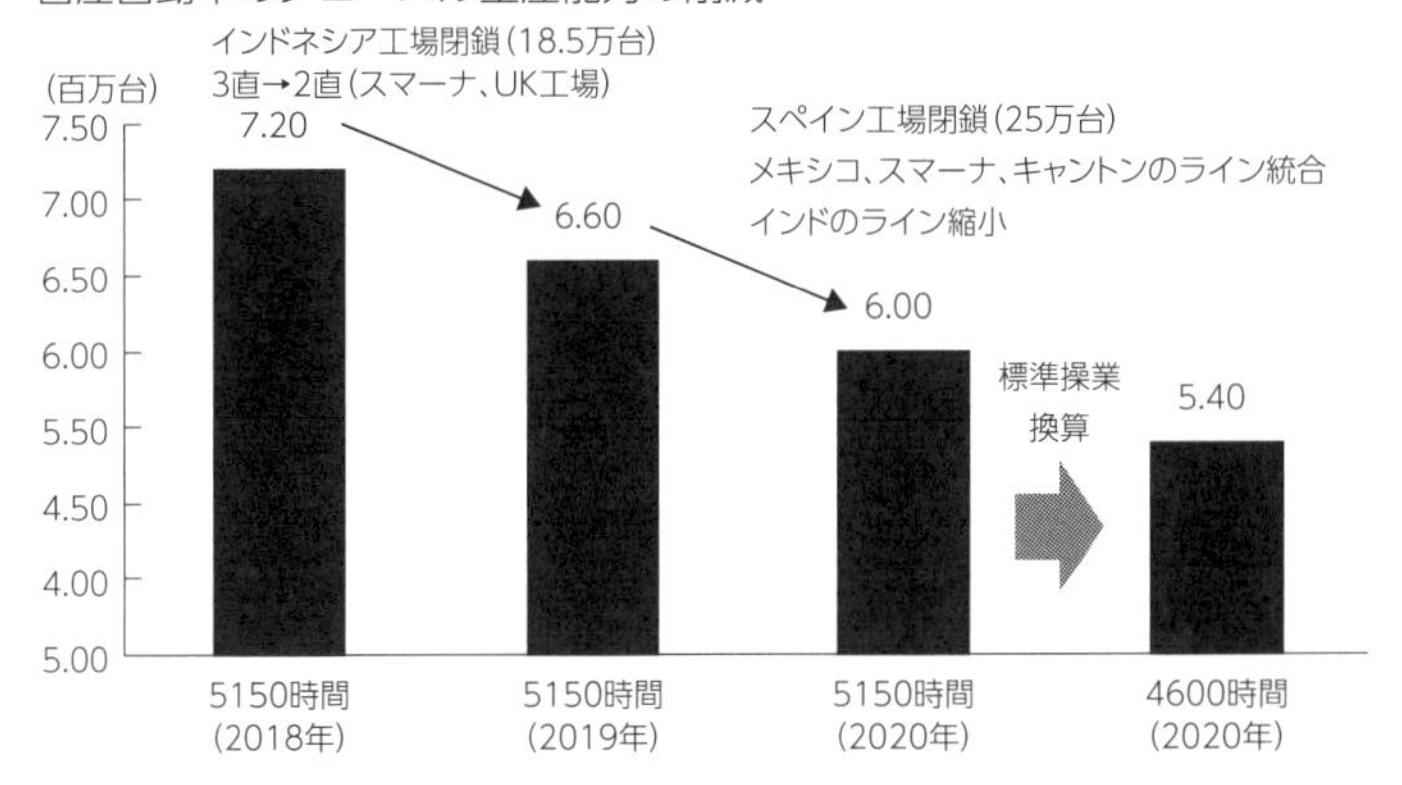

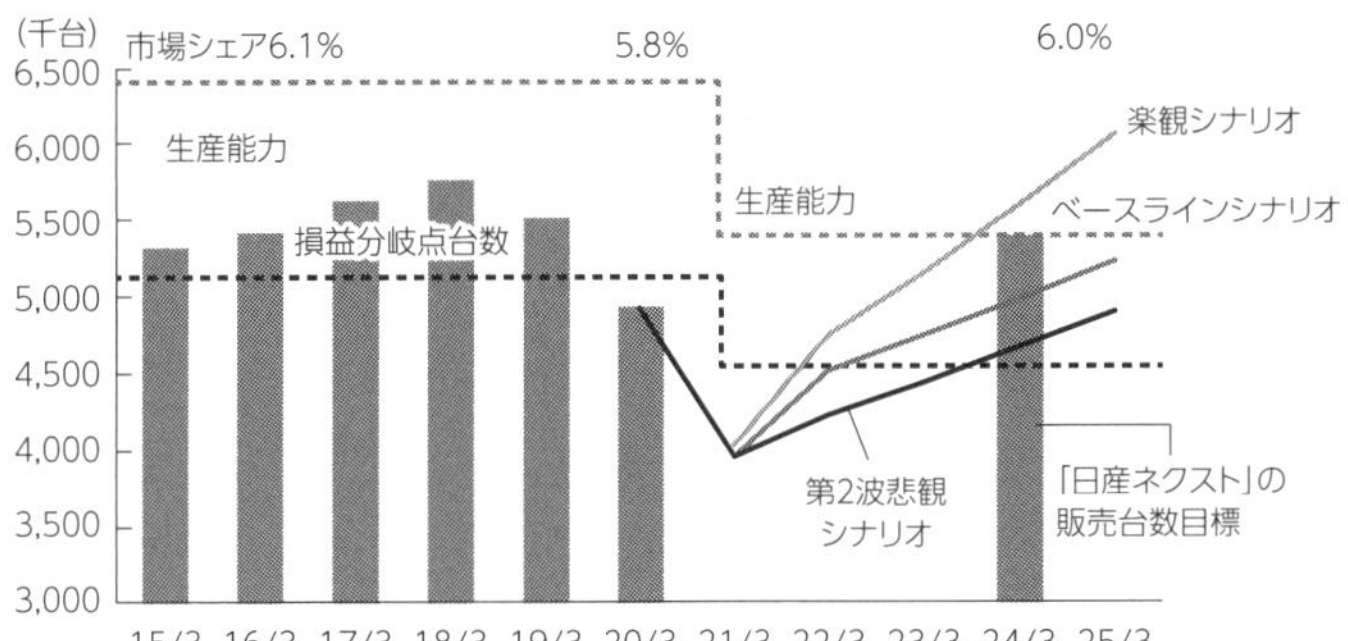

注：日産は能力削減内容には言及していない
出所：会社資料、ナカニシ自動車産業リサーチ予想

販売台数見通しと、3000億円固定費削減後の筆者が試算する損益分析点台数とを対比させている。540万台の生産能力を埋められるなら日産は再生できる。未達となれば、もう一段の構造改革が必要となるだろう。

5 欧米自動車メーカーのポストコロナ

▼米国メーカーは明暗分ける

コロナ危機は、厳しい業績的影響を日本メーカー以上に米国メーカーに与えている。日本とベトナムなどの東アジア諸国の工場稼働をある程度維持できた日本メーカーは先進国のロックダウンによる影響を部分的に緩衝できたが、長期にわたり都市ロックダウンの影響をもろに被った米国メーカーは存亡の危機を意識する局面があったことは否定しがたい。

第1章でも触れたが、4-6月期に世界の主要8自動車メーカーが被った営業赤字額合計は1兆2703億円に上り、キャッシュフローは2兆2175億円も流出した。GMが1290億円、フォードは2931億円の営業損失を計上し、8社合計の約3分の1を占めたのだ。

米国メーカーと比較して、高級車セグメントに強く、かつ販売地域も分散している欧州メーカーの業績はコロナ危機で強い抵抗力を示した。欧州3社の決算数値では、会計ベースで5945

億円もの営業赤字が積み上がっているが、ＢＭＷの残価引当金、ＶＷの訴訟関連費用、ダイムラーの構造改革費用などの一過性費用の影響が大きかった。これらを除いた調整後営業赤字は３１４４億円へ半減する。ダイムラーに至っては、コロナ禍の四半期でキャッシュフローの黒字を確保するなど、業界を驚かせた。

結果的に、フォードと日産の2社が非常に厳しい状況にあることが表面化した。好調なＩＴ企業とは対照的に、フォードの株価は低迷を余儀なくされ、ジム・ハケットは会社再建の道半ばで引責辞任が決定し、２０２０年10月に北米トヨタ出身のジム・ファーリーが後任ＣＥＯへ昇格することが決定している。フォードの経営は相変わらず軌道に乗りきれていないのである。

ＧＭとフォードの米2社は２０１８年から大規模な事業再構築（リストラクチャリング）に取り組んできた。好況期に早期のリストラに取り組み、ＣＡＳＥ革命を迎える自動車産業の中で、財務基盤を強化しデジタル化に対応できる企業変革を進める考えであった。収益性を向上し、事業基盤を盤石なものとするため、人員適正化、工場閉鎖、固定費削減、収益性の高いライトトラック事業への資本構成引き上げ、アライアンス・シナジーの強化などを打ち出し続けてきた。しかし、両社の成果は明暗を分ける結果となっている。

経営破綻を受けた国有化からＧＭが脱却した２０１３年、生え抜きの〝カーギャル〟としてＣＥＯに大抜擢されたメアリー・バーラは、一貫して結果を伴う会社再建を率いてきた。欧州、インド事業から撤退する英断に加え、ドル箱のピックアップ市場はコロナ危機後も絶好調とあって、ＧＭの盤石さは目を見張る。ピックアップとＥＶの双方を同時に強化する「バーベル戦略」は順調に進展している。

ポストコロナに実施された２０２０年8月の中国テックデイにおいて、韓国のＬＧと共同開発したリチウムイオン電池「アルティウム」やそれを搭載したキャデラック「リリック」を展示し、２０２０年から２０２５年までに２００億ドル（約2兆１２００億円）を中国市場におけるＣＡＳＥ領域に投下するといきまいた。

▼ビル・フォード会長の焦りがにじみ出る

破綻処理を余儀なくされたＧＭやクライスラー（現・フィアット・クライスラー・オートモービルズ＝ＦＣＡ）が早期に財務再建を実現し、好調な業績とともに将来への布石を打っているのに対し、破綻を回避し自主再建を選択したフォードの苦境が長引くというのは皮肉な結果である。リーマンショック後のフォード再建を果たしたアラン・ムラーリがＣＥＯを退任した２０１４年以降の6年間、ジム・ファーリーで実に3人目のＣＥＯが誕生することとなる。

今、再建を果たせなければ未来のフォードの存在が危うい。ビル・フォード会長の焦りがにじみ出る。もし成功しなければ、フォード家としてフォードの経営といかに関わるのか、という歴史的な課題を俎上に載せることもあり得るだろう。ＣＡＳＥ革命のもとで、自動車産業の生みの親であるフォードの未来は逆風にさらされているのである。

フォードは2018年に110億ドル（1兆1550億円）に及ぶグローバル・リデザイン・プログラムを断行し、欧州6工場の閉鎖、1万人規模のホワイトカラー人員の削減、開発効率の改善などに取り組んできた。ポストコロナではプログラムの一環として、1400人の北米でのホワイトカラー人員削減を発表している。

GMと同様に、ピックアップ・商用車とEVの双方を強化する「バーベル戦略」を掲げるが、フォードの場合は2023年までに投下資本の90％をトラック・商用車事業にシフトさせるという極端な投下資本の再構成を目標に掲げる。それはほとんどの乗用車事業から撤退することを意味する。乗用車が儲からないことは各社共通だが、その問題を解決しようとするのでなく、逃げていくだけという戦略性は、もし世界的な不況が襲ったときにフォードはどうなってしまうのかと筆者は強い不安を感じずにはいられない。ジム・ハケットのもとで、フォードはMaaS事業への移行に重きを置きすぎ、POVをやや軽視しすぎた感が否めない。

フォード復活の切り札が独VWとの戦略提携である。2019年1月に決定したVWグループとの商用車領域での事業提携は、2022年までに、フォードは大型商業バン、VWが小型商用バンを開発し、それぞれに集中生産し供給し合うとともに、新型ピックアップを共同開発し、北米以外の地域で販売展開を目指すというものであった。

この提携は自動運転からEVも含めた広範なCASE領域へも拡大する戦略提携に発展している。自動運転技術開発では、両社は戦略パートナーとなり、フォード傘下の有力開発会社のアルゴＡＩへＶＷは26億ドル（２７３０億円）を出資し２０２０年6月に折半合弁とした。ＶＷグループのアウディの自動運転開部門である Autonomous Intelligent Driving（ＡＩＤ）をアルゴＡＩへ合流させており、ＶＷの本気度が伺える連携なのである。電動化領域では、ＶＷのＥＶ専用プラットフォームである「ＭＥＢ（Modularer E-Antriebs-Baukasten）」を活用し、フォードは２０２３年にも欧州地域でＥＶを発売する方向だ。

➤ＶＷディーゼル・ゲートのレガシィは最終局面

そんなフォードと蜜月な関係を構築してきたＶＷは、２０１５年のディーゼル不正問題（ディーゼル・ゲート）で存亡の危機を迎えたが、再建はほぼ完了し、ヘルベルト・ディースＣＥＯの下でＣＡＳＥを強化するデジタル化戦略を遂行中である。

コロナ危機の最中の２０２０年5月、ＶＷは中国ＥＶ市場への凄まじい強化戦略を打ち出した。小型ＥＶ生産合弁会社設立で提携関係にある安徽江淮汽車集団（ＪＡＣ）の親会社である安徽江淮汽車集団控股にＶＷは１２００億円を投資し、同社の50％の出資比率を２０２０年末までに獲得するというのだ。ＶＷとＪＡＣが折半出資するＥＶ合弁会社（ＪＡＣ－ＶＷ）でも、ＶＷからの出資比率を50％から75％まで引き上げることも実施する。さらに、中国電池業界第3位でリン酸鉄リチウム電池（ＬＦＰ）に強みを持つ国軒高科股份有限公司へも11億ユーロ（１３７５億円）を投資し、同社への持株比率が26・47％の筆頭株主となる。とにもかくにも、ＶＷの

図表5-7●グローバル自動車メーカーの規模と収益性（2019年度）

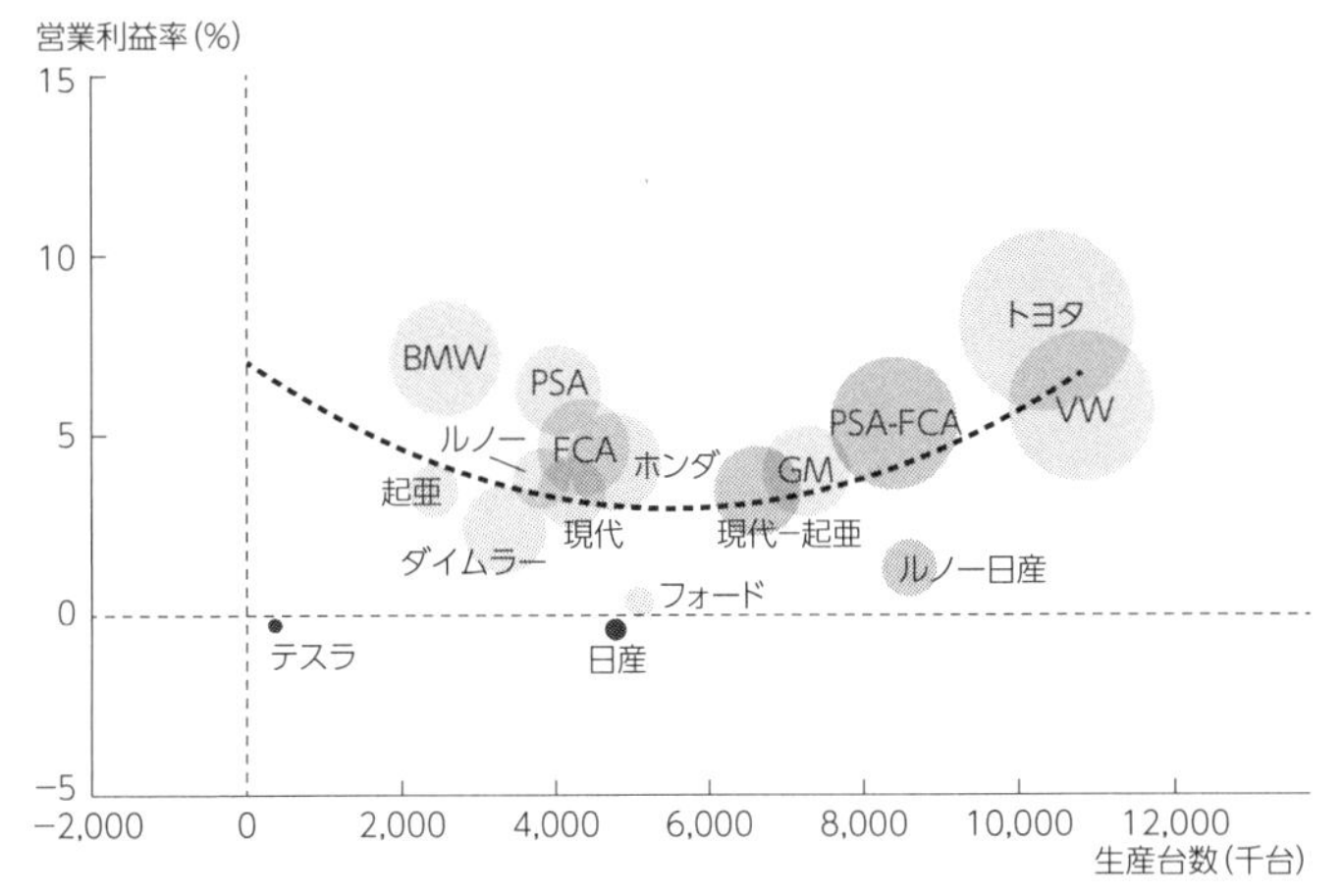

注：円の面積は営業利益額（ドル）を表す。濃い円は営業損失。
出所：会社資料、ナカニシ自動車産業リサーチ作成

CASE領域への投資規模は群を抜いてきたが、コロナを受けてさらに強気な投資計画を打ち出してきている。

ただし、一点不安な要素は、経営の安定性が図れるのかである。ドイツのニーダーザクセン州、ポルシェ家、ピエヒ家ら創業家の大株主を持つVWの経営陣は常に不安定である。事実、労働組合に不利益となり、監査役会を非難する言動をとったということで、ディースCEOから兼務するVW乗用車ブランドのCEOをはく奪するという見苦しい内輪もめが2020年6月に起こったばかりである。

実際、2019年末からのVWグループの経営首脳の入れ替えはかつてない激しさがある。VW乗用車、アウディ、シュコダ、セアト、トレイトン（商用車）など主

要ユニットのトップがすべて交代した。また、ソフトウェア化を先導する目的で設立したCar.Softwareのトップも「ID・3」のソフトウェア開発トラブルが生産開始の遅れを招いた引責で交代を迫られた。こういった急激なマネジメントの刷新が何を意味するものか、いまだ真意はハッキリと見えていない。

ただ、これまで推し進めてきたデジタル化、電気化の2大経営戦略がいかなる成果をもたらすか、今後2～3年が正念場である。ディースCEOの任期は2023年まであと3年を残す。

▼オラ・ケレニウス新CEOでダイムラーは新機軸

商用事業で稼ぎ、その安定した収益を基盤にメルセデスのCASE対応を進め、モビリティ事業の育成を図るという三位一体のバランス経営をダイムラーは目指している。ただし、モビリティ事業の強化とMaaS基軸を貫き続けた前CEOのディーター・ツェッチェと比較し、後任のオラ・ケレニウス新CEOはそのアクセルをわずかだが緩めたように見える。

2020年1月の米国のテクノロジー見本市であるCESにおいて、オラ・ケレニウスは基調講演を行った。その中で彼が示したのは「地球に悪影響を与えない〝ゼロ・インパクトカー〟を目指す」というメッセージであった。経済合理性だけでなく環境性、社会性を重視した車両開発を目指していく方針だ。CASEでの自動運転車やMaaSのオペレーター事業に注力し、事業構造改革を急いだツェッチェの戦略との違いが浮き彫りとなった。その結果、BMWとの自動運転技術共同開発構想の見直しにも飛び火している。

ダイムラーにとってもうひとつの大転換が李書福（リー・シューフー）という中国の浙江吉利控股集団の伝説的なオーナー兼経営者がダイムラーの株式9・7％を取得し大株主に登場したことだ。銀行主導による株式持ち合い構造が解体したあと、ドイツ自動車メーカーが怯え続けてきたのは買収リスクである。特に、ダイムラーは安定株主の存在が脆弱である。

李書福に対し、ダイムラーは調和路線を選択した。2020年1月に小型車ブランド「スマート」を統括する合弁会社「智馬達汽車（スマート・オートモービル）」を浙江吉利控股集団とともに折半で設立。54億元（840億円）を投じ、2022年から全面的にEVに移行するスマートの世界全体の事業を統括する。販売不振のスマート事業はダイムラーの頭痛の種だったが、その最適解を中国の独立系の雄との協業に見出したのだ。

同じような戦略はBMWも選択している。中国で次期EV版MINIを開発・製造する新パートナーに独立系の長城汽車を選んだ。対等合弁の「光束汽車（Spotlight Automotive）」プロジェクトを江蘇省張家港に設立し、2022年までに小型EVプラットフォームを新開発し、世界に向けてEV版MINIの生産を開始する。共通するのは、中国独立系との新たなパートナーシップを構築し、中国国内で開発したプレミアムの小型EVを世界に向けて製造・販売するところだ。中国製の乗用車が我々の街を走り始めるのはそれほど遠くない未来に訪れる。

BMWも、2020年にオリバー・ジプシーが新CEOに昇格した。BMWはカーシェアを含めてすべてのモビリティ事業を完全統合するなど、これまではダイムラーとCASE領域での協業を深めてきた。ジプシーCEOは穏やかだが、BMW独自路線を探り始めているように見える。鳴り物入りで2019年に始まったダイムラーとのPOV向け自動運転技術の共同開発は2020年8月、コロナ危機の中で解消された。

BMWといえばEVの「iシリーズ」やモビリティサービス事業で大きく先駆ける戦略をとったが、どれも成功させることはできなかった。その挽回策にダイムラーとの協業があった。ここにきて再度、ダイムラーと距離をとり始めた可能性もある。電動化の車両プラットフォームでは、〝ONE PLATFORM SERVES ALL〟として、あえてEV専用プラットフォームを選択せず、内燃機関、プラグイン・ハイブリッド、EVをひとつの車台から開発する。BMWの戦略の一貫性は素晴らしいが、変革に対しては緩やかな姿勢を貫く。大きな議決権を所有するファミリーが急速な変革を望んでいないことも、この背景にあるだろう。

第6章

コロナ危機下の
サプライヤー生き残り戦略

1　コロナ危機が及ぼすサプライヤーへの影響

自動車部品産業、サプライヤーに及ぼすコロナ危機の本質論がどこにあるのか、本章では自動車部品産業から見たニューノーマルを検証する。

自動車販売台数の予測においては、ベースラインシナリオと第2波悲観シナリオに基づき、2022年の段階で、コロナ前の予測と比較してベースラインで1000万台弱、第2波悲観では1500万台も需要が下振れすることを指摘した。

▼サプライヤーが喪失する売上機会

世界のトップ401社の自動車部品の売上高は2019年度実績で1兆2620億ドル（132兆5100億円）に及ぶと米コンサルティング会社のアリックスパートナーズは試算する[8]。1台あたり市場規模は150万円となり、1000万台で約15兆円、1500万台で22・5兆円の売上機会の喪失となる。サプライヤーの限界利益変動は概ねこの台数変動と連動するため、ざっと4・5兆円から6・8兆円の年間限界利益を喪失することになる。

アリックスパートナーズのこの調査では、売り上げ構成は、システム制御が33％、パワートレイン系22％、外装・車体系16％、シャシー系12％、電気・電装系9％、内装系8％に分かれる。

その中で全体の50％のセクター事業が同社の調査モデルでコロナから強い財務的なストレスを受けると警告しており、なかでもシステム制御、内装系事業の危機度が高いという。

伝統的な自動車産業は、自動車メーカーを頂点に、部品を供給する1次サプライヤーであるティア1、2次サプライヤーのティア2、ティア3、4がピラミッド構造を形成し、膨大な裾野を形成している。ティア別で見れば、ティア1よりも、ティア3、4へ一段と厳しい経営的な影響が波及する。ただしティア1だから安心というわけではない。自動車部品産業においても、量的変化に加え、質的な変化が長期的かつ構造的に進むことが予想される。開発プロセスの変化、ソフトウェアへの付加価値の移行など、時代に取り残され、付加価値を失いかねない「ティア1不遇の時代」を迎える公算が高いのである。

コロナの影響で業績悪化が不可避な自動車メーカーは、コスト削減と効率化の名のもとで強力な値下げ圧力を強めることは想像に難くなく、協力要請は間違いなく強まるだろう。既存生産モデルに対しては、既存部品のバリューアナリシス（設計仕様の変更も含めた統合的なコスト削減）、とコスト削減圧力の増大、部分改定の頻度の削減、フルモデルチェンジ時期の先送りなどが予想される。将来の新車に対しては、開発先送り・中止、既存の部品流用や新規開発部品点数の圧縮、標準設計や一段のモジュール化に対しても、自動車メーカーの要求度が高まる可能性がある。

自動車メーカーは、コロナ対策として一般領域の開発効率化について、少なくとも15％追加した効率化に取り組む可能性を第5章で解説した。パワートレイン系では、すでに多くの効率化投資が実施されてきた。そこへさらなる一般領域での上積みを目指すことは至難の業である。外装・電装、シャシーの共通化や標準化へも、もう一段踏み込んでいく必要がある。電磁波対策やNVH（騒音・振動・ハーシュネス）など開発後工程の課題も、可能な限り開発初期段階から対策を実施することが必要となっていくだろう。

一段と進む標準化と共通化

CASE革命を目前に、自動車産業が直面する課題は、①開発プロセスの再構築、②次世代プラットフォーム構築、③伝統領域の選択と集中、効率化を通じた全体再定義の3つにあるとかねてから主張してきた[9]。コロナ危機は自動車産業のデジタル化、つまりCASEやデジタル・トランスフォーメーション（DX）の加速化を手繰り寄せることになる。サプライヤーの事業領域でもDXの重要性は著しく高まることになる。ただ、DXの議論の前に、アフターコロナの時代に即したものづくりの基盤強化の重要性を見落としてはいけない。

アフターコロナではCASEの進化が加速する。しかし、その段階でも自動車産業のものづくりの進化とは、単純なレゴブロックのようなモジュール化ではなく、ひとつのOSの上ですべての電子制御が可能となる携帯電話やカラーテレビで起こったような、ものづくりのコモディティ化が起こることはないのである。

図表6-1 ● ポストコロナに対応する自動車メーカーへの3つの課題

開発リソースの限界	CASE対応	持続的な投資資金の確保
1. 開発プロセスの再構築	**2.次世代プラットフォーム構築**	**3.伝統領域の再定義**
● 戦略パートナーの先行開発への巻き込み。 ● 量産パートナーへの量産開発の外だし。 ● 外部リソースの活用、標準化、共通化の推進。 ● ティア2、スタートアップ先行開発、調達への取り込み。	● インカー、アウトカーを整流化した、次世代電子プラットフォームの確立。 ● 集中頭脳制御、ハードウェアとソフトウェ集中頭脳制御、ハードウェアとソフトウェアの切り離しの実現。 ● OTAを用いたソフトウェアの持続的アップデート。フルコネクティッド機能の提供。 ● 電動化、ADAS、コネクティッドを搭載する物理的プラットフォーム設計。	● 伝統的事業の選択と集中、アライアンス活用を通した、開発、人的リソース効率の改善。 ● 伝統領域のレガシィコストをミニマイズし、先行投資の吸収、他業種連携、M&A対応の資金を確保。 ● 総原価の改善、固定費の抜本的な見直しの実施。

モジュール設計での標準化も大きく進展する。ただし、こういった設計概念はオープンアーキテクチャにはならず、あくまでもクローズドアーキテクチャでのモジュール設計が続くと考えられるためだ。たとえコロナでCASEが加速したとしても、自動車が複雑な擦り合わせで設計・生産される製品であり続けることには変わりはない。

CASE対応に向けた開発領域の拡大、環境規制、安全規制への対応強化を含めて、自動車産業の開発要件はまさにパンクの状態にある。不可欠なＣＡＳＥ対応への開発を推進するには、開発案件の選択と集中を図りつつ、開発プロセスを効率化する必要性が高まっている。有力サプライヤーは、先行開発から共同で取り組む「戦略パートナー」となり、モジュールの量産設計に落とし込み実際の生産も担う「量産パートナー」となって、自動車メーカーとのより強固な関係を構築することが求められているのである。

戦略パートナーとは、車両開発の上流にある先行開発に有力なティア1を巻き込み、開発プロセスを共有し、アーキテクチャの設定やモジュールの要求性能など、研究開発負担の効率化を自動車メーカーと共有できるサプライヤーだ。量産パートナーは、具体的な要件とスペックに基づいた量産開発を、自動車メーカーとともに実施するティア1サプライヤーを指す。要求性能に対し完成度の高いモジュール設計や量産技量で応えられることが求められる。有力サプライヤーの選別を進め、同時に外部エンジニアリング・プロバイダーとの協業や、スタートアップ企業の持つ技術を先行開発に巻き込んでいけるかは重要な課題だ。

➤ＣＡＳＥとＤＸを支えるものづくりの基盤

アフターコロナでは、サプライヤーの開発効率の大幅な改善への取り組みが必須となっていく。その提案力も強く求められる。むやみに新規開発品を提案するだけではなく、既存部品の流用や共通化も含めた、開発要件を効率化できる新しい発想が必要だ。

図表6-2●自動車部品産業を取り巻く構造変化と企業体質強化

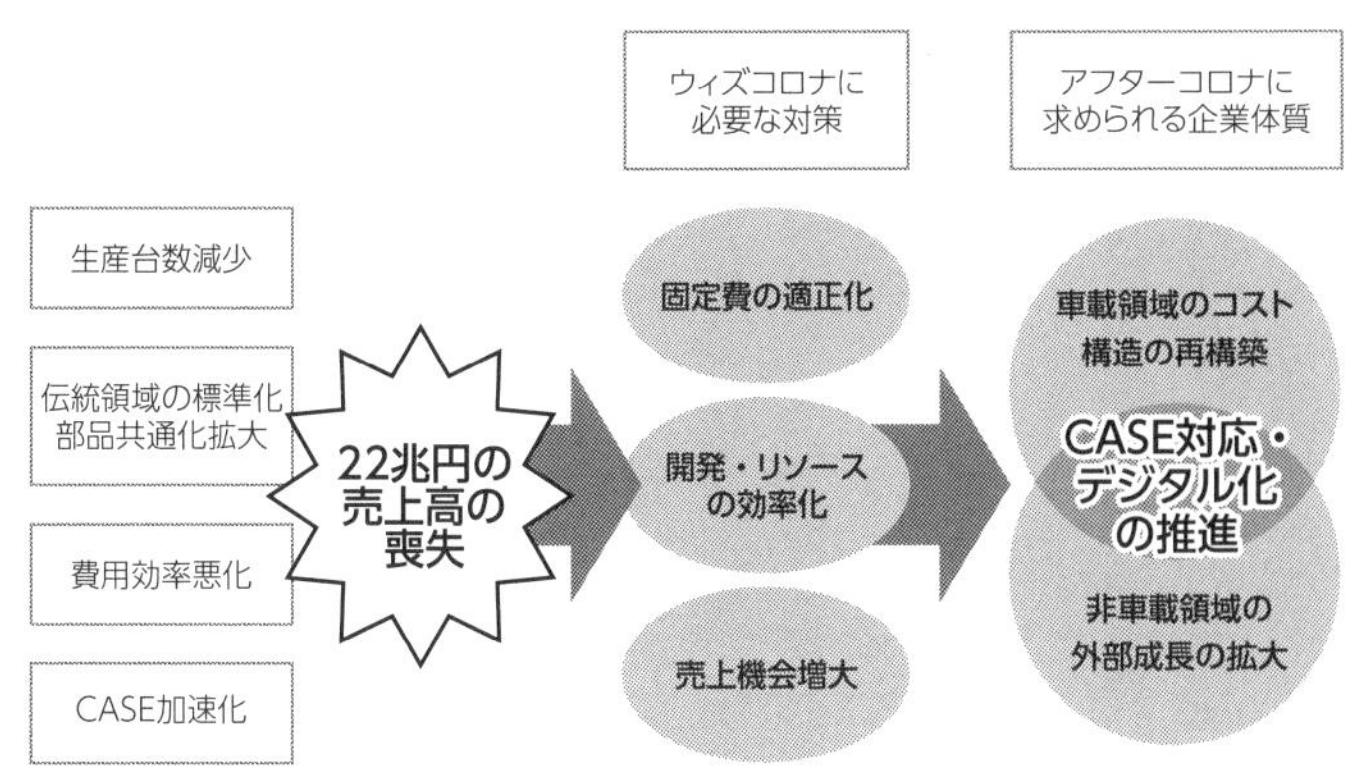

出所：ナカニシ自動車産業リサーチ

ウィズコロナに直面する現在、サプライヤーは固定費の適正化、開発工程・リソース配分の効率化、非車載領域の売上機会の模索など、基盤強化をどのように進めていくかを真剣に検討していかなければならない。

ＣＡＳＥ革命は、サプライヤーにとっては好機と危機の両面が存在する。闇雲なデジタル化は自分たちの墓穴を掘りかねないが、アフターコロナの時代に即したものづくりの基盤構築は従来以上に重要さを増してくるだろう。自動車メーカーの戦略性を正しく理解し、アフターコロナに求められる企業体質を構築すべきだ。そのためには、車載領域のコスト構造を再構築し、非車載領域で外部成長の拡大機会を求めていかなければならない。その接点にはＣＡＳＥ対応とＤＸ推進がある。

2 企業再編の加速化

▼すでに始まっているサプライヤー大再編時代

2019年は自動車メーカーのアライアンス強化が世界的に進んだ年となった。VWとフォードとの包括提携締結に始まり、フィアット・クライスラー・オートモービルズ（FCA）とPSA（プジョー・シトロエン）の経営統合が電撃合意に至った。トヨタはスズキへ5％を出資し、スバルへの出資比率を20％へ引き上げることで、マツダを含めたトヨタ陣営を強化した。

自動車メーカーのアライアンス強化はサプライヤーの再編劇へ大きく波及した。自動車産業のみならず、自動車部品産業も「100年に一度の大変革期」への生き残り戦略が大きく具体化してきたのである。独コンチネンタルは、タイヤ、オートモーティブ、パワートレインの3つの事業グループに整理し、成長性の乏しいパワートレイン事業をヴィテスコ・テクノロジーズとして分離した。

同様の事業切り離しは、2017年にデルファイ・オートモーティブがパワートレイン事業をデルファイ・テクノロジーズとして分離し、自らはアプティブとして成長性の高いCASE領域に特化している。そのデルファイ・テクノロジーズを買収するのがトランスミッション大手の米ボルグワーナーであり、電動化に対応できる統合パワートレインメーカーへ脱皮を目指す。内燃機関の競争力を維持するには相当な規模を追求し、電動化への強い道筋を作らなければ生き残りが苦しい時代である。

日本では、プライベートエクイティファンドが所有するカルソニックカンセイが２０１８年に62億ユーロ（８０６０億円）を投じ、ＦＣＡ傘下のマニエッティ・マレリの買収を発表し、自らの会社名をマレリに変更した。２０１９年10月にはホンダと日立製作所が自ら傘下の自動車部品メーカーを統合する大再編を決定している。

➤トヨタ系ホーム&アウェイ戦略の成果と課題

トヨタ自動車は事業再編で先駆けているが、その戦略はやや特殊である。自動車製造領域では資本関係も含めた「仲間づくり」を進め、ＭａａＳ領域は提携関係の構築を中心に、世界的にスケールのあるシェアリング事業の拡大で非常に大きな成果を上げてきた。ソフトバンクとの共同事業であるモネテクノロジーズは国内数百社に及ぶサービサー企業と連携し独走状態を作った。自動運転ＭａａＳでは、ウーバー傘下の自動運転開発会社ウーバーＡＴＧ（アドバンストテクノロジーズグループ）へデンソー、ソフトバンクと共同で出資し、ロボタクシー技術の推進に取り組んでいる。ライドシェアでは東南アジアのグラブ、中国の滴滴出行へ資本・事業提携を拡大させ、ライバルメーカーを突き放す先行性を築いている。

部品領域では「ホーム&アウェイ戦略」と名付けた穏やかな再編に留めている。強みのある会社や事業に相対的に弱い会社や事業を寄せながら、整理統合を進める手法だ。しかし、多くのトヨタ系サプライヤーの独立は維持、継続されているのだ。デンソーとアイシン精機を合併させて、独ボッシュのようなメガサプライヤーを作り上げるのも手っ取り早いと筆者は考えてしまうが、あたかも「メガサプライヤーはトヨタグループには不要」という言葉が聞こえるような取り組みである。

2019年、アドヴィックス、デンソー、アイシン精機、ジェイテクトの4社で自動運転の統合制御ソフトの開発会社「ジェイクワッドダイナミクス」を設立している。「走る・曲がる・止まる」の自動運転に欠かせない統合ECUのソフトウェアを開発する。こういった、各社が資本と技術を出し合って、下部組織として合弁で統合制御開発を進めようとするのが現時点でのトヨタ流の疑似メガサプライヤーである。コロナの時代を迎え、現在の合弁方式で果たして世界の変化に追いつけるのかどうか、「ホーム&アウェイ戦略」の成果は今後問われることになるだろう。

➤ホンダ系は不退転の決意

ホンダと日立製作所の系列サプライヤーの大再編も、CASE時代に適した競争力のある統合制御技術を身に着け、メガサプライヤーに近い機能を作ろうという目的は他社と同じである。ホンダ系3社が持つ「走る・曲がる・止まる」の機能と、日立オートモティブシステムズのパワートレイン、シャシー、安全の3つのコア事業の強みを組み合わせ、CASE時代に適した競争力のある統合制御技術を身に着けることだ。

日立オートモティブシステムズとケーヒン、ショーワ、日信工業の4社の経営を統合し、新会社の議決権は、日立製作所が66・6％、ホンダが33・4％を所有することになる。連結売上高合計は1・7兆円規模に達するわけで、世界で13位レベルの自動車、二輪車を包括するグローバル規模のシステムサプライヤーが誕生することになる。ホンダはこの取引の中で虎の子といえる二輪車部品事業も併せて経営統合へ踏み込んだ。再編の実現と新会社の競争力を最優先した、ホンダの不退転の決意の表れとも言えるだろう。

ホンダはまずはケーヒン、ショーワ、日信工業3社を完全子会社にした後に、それらを日立オートモティブと経営統合させる。3社の株式公開買い付け資金はざっと3000億円かかり、3社の保有ネットキャッシュ（18年度末時点1170億円）を手に入れるとしても、ざっと2000億円もかけ統合を進めていくことになる。

日立製作所とのパートナーシップには大きな広がりがある。日立はコネクティッド技術とクラウド、通信、社会インフラというCASEに不可欠な要素技術や事業領域を有する。日立との戦略提携は、ホンダの持つ自動車とクロスし、CASEとMaaSが作り出すモビリティと暮らしの事業領域へ展開していく。ホンダには非自動車の事業、系列のサプライヤーには膨大な非車載領域の事業を生み出すことが可能となるだろう。

3　天災は忘れられた頃ではなく、定期的に来る

▼サプライチェーンの課題は重要な構造論議

コロナ危機はサプライチェーンの新たな問題をあぶり出し、サプライヤーはコスト競争力を維持しながら、適切なサプライチェーンマネジメント（ＳＣＭ）や事業継続計画（ＢＣＰ）を構築するという極めて重大な課題に直面している。コロナでは、まずはサプライチェーンの課題が浮上したことを思い出したい。２０２０年1月の武漢市の封鎖に始まり、湖北省以外の省でも旧正月を挟んで製造活動をほとんどの地域で停止せざるを得なくなった。

生産混乱は中国内に留まらず、国外の完成車生産工場へ波及した。現代自動車と起亜自動車は中国製ワイヤーハーネスの供給が止まったため、2月初めから韓国内のすべての完成車組立工場を停止せざるを得なかった。影響は欧州へも波及し、ＦＣＡはセルビア工場の操業を停止した。オーディオシステムの部品が届かなくなったためである。

日本の自動車メーカーの工場は3月に入り、ぽつぽつと稼働の調整が始まったが、問題の主体は中国製部品の調達率が高い日産自動車が中心であった。しかし実情としては、もう少し問題が長期化すれば、トヨタやホンダも世界の自動車工場のほとんどが停止に追い込まれるところにあ

ったのである。

結果としてコロナはパンデミックとなり、供給と需要が同時に停止に追い込まれたため、世界的なサプライチェーンの寸断は表面化しなかった。ただ、表面化しなかったにすぎず、コロナは現在のサプライチェーンの新たな問題をあぶり出したのである。世界的な広域サプライチェーンの寸断リスクに対して、アフターコロナのサプライチェーンの強靭性や回復力はどうあるべきかという重要な構造論議を進めていかなければならない。

▼問題の本質はどこか

トヨタ自動車によれば、武漢の感染拡大に伴い、2020年1月末に湖北省の仕入れ先をRESCUE（レスキュー、後ほど解説するトヨタのSCM解析システム）で洗い出し、代替品への切り替えや代替生産拠点確保を進め、稼働への大きな影響を抑えたのである。つまり、トヨタが東日本大震災を教訓として再構築したBCPは見事に機能したのだ。

ところが、中国が正常化に向かい始めた3月から欠品問題は逆に深刻さを増したという。問題がグローバルに拡大し、33社57品目が世界レベルで対象課題に浮上していた。代替措置が見つからず、もう1週間もすれば世界中で大規模な工場操業停止もやむなしとの覚悟を決めていたという。ところが、先に述べたようにコロナはパンデミックとなり、サプライチェーン寸断とは別の理由で世界の生産は停止を余儀なくされた。

世界の自動車メーカーが生産停止に追い込まれた主因には、世界的なワイヤーハーネス供給基地であるフィリピンのロックダウンがある。トヨタの場合、ワイヤーハーネスはアジアだけでも、日本・中国・タイ・ベトナム・カンボジア・マレーシア・インドネシアの国々に生産拠点が分散されている。中国が稼働停止に追い込まれたときは、フィリピンとベトナムで代替生産を進めた。

フィリピンがロックダウンされた時は、ベトナムと日本に代替生産を投げた。先に回復した中国と、日本とベトナムは基本的に稼働を続けたことで、トヨタは最後まで正常な生産を維持することができたのである。ベトナムがコロナの影響を早々に封じ込め、生産工場の稼働を持続できたことが欠品を未然に防いだ要因であったようだ。仮にベトナムがロックダウンしていれば、生産の混乱はもっと深刻になったはずだ。

「どこかの拠点に集中する事は、やはりリスクがあるということが改めてはっきりとした。代替生産が可能な拠点の分散は今回の反省を含めて早急に検討していく。拠点分散、拠点交流、政府支援も受けた国内拠点の確保など、答えを真剣に考えなければならない」

2020年5月12日の決算説明会で白柳正義執行役員（当時）は、ＢＣＰを含めた課題はハッキリし、代替生産が可能な拠点の分散を早急に検討していくことを明言した。

➤東日本大震災の学び

東日本大震災の膨大なサプライチェーンの寸断問題は、国内自動車メーカーとティア1サプライヤーが共同して、供給網の2重化、地域分散推進、選別的な在庫水準の適正化、デジタルSCMの導入という大規模災害に対応できるBCPを考慮したSCMのバージョン2への推進を進める契機となった。

供給網の分散では、調達の複線化、グローバル化を進め、ティア3－4も含めて単線化（いわゆる「樽型」の状態）が起こらないような調達システムを築くことを実現した。ルネサスの日立那珂工場破損で稼働不能になったマイクロ・プロセッシング・ユニット（MPU）の欠品は、世界中の日本車メーカーの工場を稼働停止に追い込んだ歴史的事件であった。半導体のように、実験・評価工程と代替生産の構築までに長いリードタイムを要し、一方で在庫体積は小さいような部品は、選別的に在庫水準を従来から適正に拡大させることもBCP対策となった。

デジタルSCMは、ティア1－3を含めたサプライチェーンの見える化を実現するシステムである。これには、トヨタ自動車と富士通が共同開発した「RESCUE（REinforce Supply Chain Under Emergency）」クラウド解析システムが有名だ。東日本大震災では、トヨタは自社が被災していないにもかかわらず、組付け部品の欠品から実に76万台もの生産を喪失した。影響の洗い出しに3週間もの時間を要し、「初動の遅れ」、代替生産への「対策の遅れ」を深く反省した。この時点では、2次サプライヤーからの仕入れ情報が全く把握できていなかったのである。

ＲＥＳＣＵＥは、トヨタのティア１サプライヤーからの取引品目について、ティア１サプライヤー自身が責任をもってティア２以降から最終材料までの情報をインプットする仕組みになっている。ＲＥＳＣＵＥのシステム維持・メンテナンスはトヨタ自動車がサポートすることで、ティア１はコスト負担なくシステムを活用し、自らのサプライチェーン管理を可能としている。これが強いインセンティブとなり、現在では10万拠点、40万品目のデータ規模に増大している。

例えば、今回のコロナ危機では「武漢市」と入力するだけで、概ね７時間程度で要注意品目として２２４社のティア１と１２７２品目を洗い出し、全体のサプライチェーンを把握して対策を立案し始めることができた。東日本大震災の時の３週間とは雲泥の差だ。クラウド解析システムと聞けば、ＡＩを用いたような高度な解析が可能なシステムにも聞こえるが、実際の画面上では会社名、拠点の住所、連絡先程度のものしか出てこないそうだ。それでも、短時間で全体を見える化し、すぐに対策を打ち出せるため、非常に大きな効果を生み出すことに成功している。

ロックダウンに伴うサプライチェーンの寸断が中国市場だけの問題であったときは、トヨタのＳＣＭはコントロールが可能であった。また、東日本大震災後に立ち上げたＲＥＳＣＵＥは国内危機には十分成果を出せるということは判明していた。それが、今回のコロナ危機でＲＥＳＣＵＥが海外サプライチェーンまでも十分に追跡できる成果を実証したのである。

しかし、その後ロックダウンが複数国へ拡大したときに課題が浮き彫りとなる。生産や調達がある地域に集中したり、代替生産拠点がある地域に限定される課題が表面化し、トヨタもサプライチェーン寸断の問題に直面することとなった。一拠点に集中する事はやはりリスクがあるということが改めて認識されたのである。

▼感情的な「マスク現象」

欧米では「マスク現象」と呼ばれた、中国の製造業への依存しすぎを振り戻そうとするやや冷静さを欠いたローカル主義も台頭してきた。マスク、医薬品、ベンチレーター部材など、命に係わる部材品がことごとく中国に依存していたことが判明し、政治も世論も感情的に反応した。「連邦政府は、州政府も独自に医薬品、ベンチレーターの調達を進めるようにと言うが、それらはすべて中国から買ってきている。調達しようとすれば、そこには連邦政府の多大な注文が積み上がっており、ただ価格がつり上がっていくだけなのだ。マスク、医薬品原材料、ベンチレーターなど我々の命に係わるモノが中国からしか買えないという現実がある」

ニューヨーク州のクオモ知事は毎日の定例カンファレンスで何度となくこの問題を指摘した。反省も含めて、命に関わるサプライチェーンを自国に戻さなければならないという考えは市民に強く浸透したのである。こういった考えが、他の製造業にも波及し、サプライチェーンのグローバル展開を見直し、ローカル化へ流れを戻そうとする動きが世界的に出ている。

日本でもコロナ対策の国内回帰支援政策ということで「サプライチェーン対策のための国内投資促進事業費補助金」として、2020年4月の第1次補正予算に2200億円を計上した。

「生産拠点の集中度が高い製品・部素材、または国民が健康な生活を営む上で重要な製品・部素材に関し、その円滑な供給を確保する」など、サプライチェーンの強靱化を図ることを目的とする工場の新設や設備の導入を支援する。2020年5月22日からの2週間の先行審査受付で90件、約996億円の応募があり、57件、約574億円を採択済みだ。さらに7月22日までの公募では1670件、1兆7640億円の応募があった。

米国、フランスなどの多くの国で、生産品目の国内回帰を促進する政策発動への動きが顕在化し始めている。日本でも政治家や監督官庁は、日本に自動車部品・部材の国内生産を取り戻す好機だという認識があるようだ。しかし、命に係わるサプライチェーンを自国に確立することに問題はないだろうが、それが製造業全般に広がっていくことは本末転倒した話ではないだろうか。日本に回帰して、その結果コストが上昇し失注要因になっては元も子もないだろう。

➤コロナのサプライチェーンの学びとは

自動車メーカー各社では、コロナのサプライチェーン問題に対しての課題整理と対策検討が始まっている。そうはいっても、自動車メーカー自身が直接中国などから買い付ける部品は非常に限定的だ。一般的には国内生産車両の組付け部品は国内に所在するティア1に発注するものであり、ティア2、ティア3の発注権はティア1が有する。

ティア1がコロナのようなパンデミックに必ず抵抗できる強靭なBCPを築き、世界的な分散

図表6-3 ● 日本の自動車部品輸入額

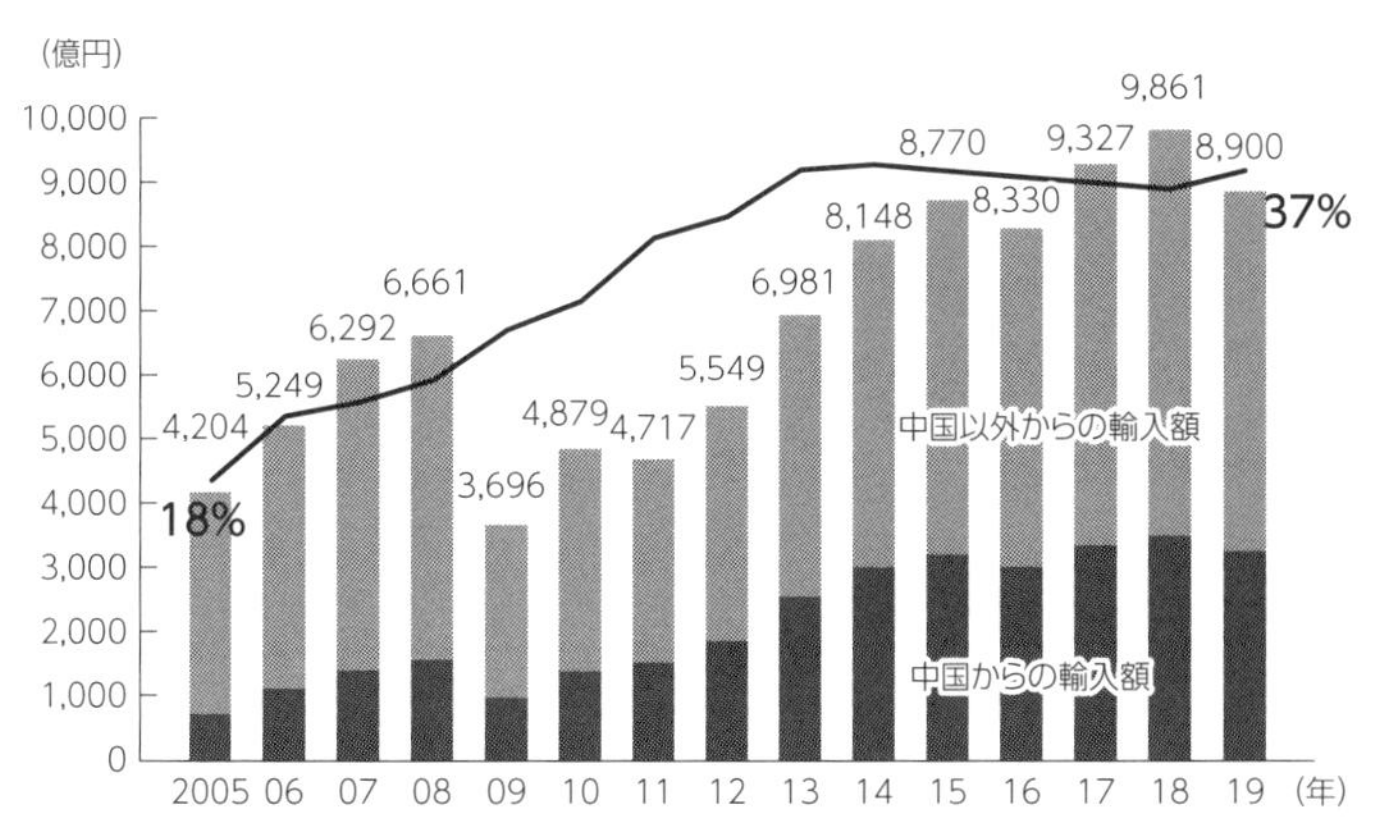

出所：財務省「貿易統計」

調達を実現しても、コスト競争力を逸してしまえば本末転倒だ。ただ、現在の問題認識として、中国の調達依存度の高さには一定の調整が必要な段階にきていることは間違いなさそうだ。

日本の自動車部品輸入金額に占める中国比率は、2008年の24%から2019年には37%まで上昇した。同様に、ASEAN諸国も調達に関して中国依存度が上昇している。サプライヤーの調達経路を改めて調査したトヨタ自動車は、「中国1拠点生産品が依然多数ある」と警戒を示し、さらなるBCP強化の検討が必要だという。

今回のような世界活動がパンデミックで停止することが、100年に1回の出来事なのか、新型ウイルスが何年かに一度襲来する世の中に変わったのかで結論は変わってくるだろう。いずれにしても、グローバルに同時期にサプライチェーン寸断に見舞われたときのために、どこまでコストをかけてBCPを高め冗長性を維持すべきか、その答えはいまだ見えてはいない。

ただ、天災は忘れられた頃ではなく、定期的に来るものになってきたという印象は強い。そうであれば、天災や感染症によるサプライチェーン分断を未然に防ぐ冗長性、見える化と代替生産対策によるレジリエンス（回復力、復元力）は、国際競争力の大きな要素になってきていることは間違いない。

▼SCM3・0の具体的方向性

東日本大震災で進歩したSCMをバージョン2・0とすれば、コロナ禍を受けた次世代のSCM3・0への検討と対策が必要な時代となった。その重要な方向性は大きく5点あると筆者は考える。

第1に、品質・コスト・納期、いわゆるQCDという製造業の重要な三本柱の冗長性を高めた「グローバル・ローカリズム」のSCMを確立することだ。これは東京大学ものづくり経営研究センターの藤本隆宏教授の論考を受けたもので、平時にはグローバル展開のコスト競争力のメリットを享受できるが、非常時にはローカリズムの良い部分を発揮し、コスト競争力に優れた冗長性の確立を目指すフォーメーションだ。[10] 藤本教授は、代替生産拠点の分散化を進めながらも、国内代替生産拠点を最後の砦とする強靭性、世界の分散拠点へのマザー機能の確立が重要と説く。

図表6-4●ポストコロナのサプライチェーンの課題

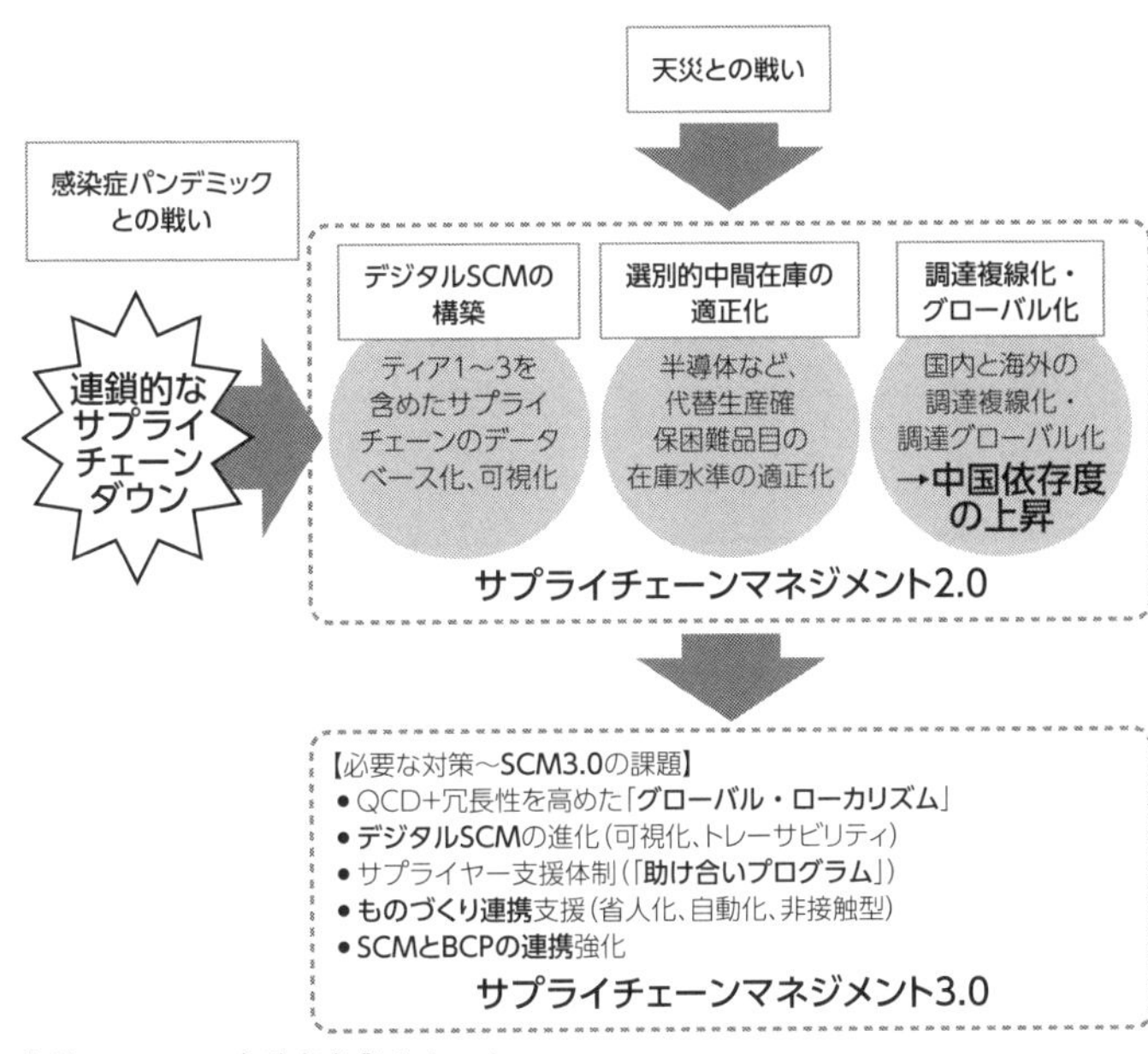

出所：ナカニシ自動車産業リサーチ

コスト競争力、回復力を重視した議論が必要なのである。

第2に、トヨタ自動車のRESCUEのような可視化、トレーサビリティを高めたデジタルSCMの進化が必要だ。第3に、日本自動車工業会などが推進した「助け合いプログラム」のような非常時に企業、技術者を守るサプライヤー支援体制の構築を、平時から充実させることが求められる。第4には、省人化、自動化、非接触型の投資を進め、感染症のような新しい非常時・災害に冗長性を発揮できるものづくり連携支援資を構築すること。ラインの完全自動化は困難であるが、接触を減らすことを目的とした自動化投資は可能である。

最後に、完璧なＢＣＰを作り上げることだけではなく、コスト面とリスク管理面の双方をベストバランスにできるＳＣＭを作り上げることだ。特に、内燃機関に関わる部品というものは、長期的に減少は避けられない。そういった部品の分散を進めるという議論は、結果としてコスト高となり、自ら墓穴を掘る結果を招きかねない。また、世界の需要面もストップさせる感染症のリスクに対し、自社の供給力だけの強靭性を誇っても、それはそれで意味がない。ただ、在庫の山を築くだけだ。感染症対策とＢＣＰは、こういった複雑な方程式を解かねばならないのだ。

第7章

自動車ニューノーマルとCASE／MaaS

1 アフターコロナの自動車ニューノーマル

▼コロナが自動車産業に及ぼした最大の影響

インコロナの混乱期から、ウィズコロナの回復過程と世界の人々の新たな行動様式を整理し、アナリスト的なアプローチを基にアフターコロナにおいて自動車産業に訪れるニューノーマルの仮説構築とその検証を行ってきた。

本章では、ここまでで得られた検証結果やエビデンスを整理し、自動車産業が対応しなければならない本質的な課題やソリューションに落とし込む。アフターコロナの自動車産業は何を目指し、ものづくりを鍛え、いかなる企業戦略を捉えるべきか。そのような論考とともに日本の自動車産業の復活に向けた、その足元を少しでも照らしつつ本書を閉じたい。

コロナが自動車産業に及ぼした最大の影響とは、デジタル革命に向けた変革への時間的猶予を奪い、そして財政的なゆとりを取り払ったことにあると筆者は身にしみて感じている。「CASE革命といっても、ちっとも革命的でないね」との批判はしばしば受けてきた。それはここで起こる巨大な構造変化の本質を見落としている。

確かに、見た目はその通りなのである。自動車のデジタル革命、いわゆるCASE革命とは、携帯電話で起こったようなスナップショットで変わる革命とは違う。レガシィとして伝統的な車両の保有台数を積み上げながら、全く新しいＣＡＳＥ車両を少しずつ積み上げていく。変化が革命的でないのではなく、伝統的車両の蓄積の規模が圧倒的に大きいため、革命的な変化の積層が見えにくいだけなのである。ある瞬間から、堰を切ったように新旧の入れ替えが起こるだろう。

➤コロナは油断した自動車産業を襲った

自動車産業はデジタル化に大きく出遅れてきた産業であり、クルマのＩｏＴを進めデジタル・トランスフォーメーション（ＤＸ）を推進することはコロナ禍の有無にかかわらず、自動車業界の最大の対応課題と認識されてきた。それを攻撃の好機とばかり、多くのＩＴ企業やスタートアップ企業が破壊的イノベーションを仕掛けては、自動車産業はそれを突き放してきた。

そういった破壊的イノベーションを阻止してきた最大の要素とは、冗談に聞こえるかもしれないが、ニュートンの法則なのである。１トン以上の質量をもつ物体を時速１００キロメートルで安全に動かすというのは大変危険な行為である。そのため、リアルタイム性やオートモーティブグレードの信頼性を持った最適なオペレーティング・システム（ＯＳ）を数多くそろえ、その上にクローズド・アーキテクチャの制御ソフトウェアを乗せ、ハードウェアと擦り合わせながら設計してきた。

常に完全に近い安全性を担保しながら、走って曲がって止まるという機能を定めるには、こういった複雑極まりない設計概念から離れられなかった。これが、自動車がデジタル化に見事に適していなかった理由だ。そのため、革命的な変化の積層は薄く、少しずつしか堆積してこなかった。CASE、CASEと騒いでも、すぐに激変の構図が眼前に出現するわけでもなく、レガシィ構造の中でしっかり稼いでそのうちCASE対応を進めていけばいいではないか、というような油断にも近い時間的ゆとりを自動車産業は感じていた。

収益的にもそうである。スマイルカーブ化で自動車産業の「作って儲け、売って儲け、直して儲ける」という付加価値は失われたか？　とんでもない。世界の新車需要はリーマンショックから奇跡的な回復を実現し、各社は過去最高益を謳歌した。相対的に見れば、川上に存在するサプライヤーや部材メーカーより、また川下にいるモビリティ・サービス・プロバイダーよりも、はるかに川中の自動車メーカーが収益的に恵まれてきた。スマイルカーブ化どころか、逆スマイルカーブに甘やかされてきたと言ってもよい。

コロナは、そんな油断した自動車産業を襲ったのだ。普及に時間を要すると考えられた在宅勤務や脱都会化の流れをコロナは一気に実現させた。デジタル化のモメンタムは、自動車のソフトウェア化、電動化、自動運転化、販売オンライン化などの多くの課題までも一気に実現させかねない。自動車産業のデジタル化は確実に、大きな飛躍への契機となるだろう。

収益面も同様だ。いったんは数量の回復があっても、その先の数量の成長力を奪うのがコロナの特性だ。コロナは真綿で自動車産業の首を締めるように、長期にわたりじわりじわりと苦しめていくだろう。何度も繰り返した「コロナはＣＡＳＥ革命を手繰り寄せた」という文章の真意は、コロナはデジタル革命に向けた変革への時間的猶予を自動車産業から奪い、財政的なゆとりを取り払ったということに気づいてほしいためだ。

自動車産業の6つのニューノーマル

本章の論考に入るまえに、ここまでで検証したアフターコロナの自動車産業の６つのニューノーマルを以下に整理してから先に進もう。

■ニューノーマル１：新車販売台数の長期的な成長力が奪われた

ベースラインシナリオでは、２０２４年に世界の新車需要は２０１６年のピーク需要に回復すると見るが、長期トレンドラインに到達するには相当の時間を要する。第２波悲観シナリオの場合、ピーク需要を更新するのは２０２５年以降となり、自動車産業はゼロ成長を視野に入れた戦略の再検討が必要となってくる。２０２２年以降の回復ペースが遅く、コロナ前の予測と比較して２０２２年の段階で、ベースラインシナリオで１０００万台弱、第２波悲観シナリオでは１５００万台も需要が下振れする。こういった量的変化に対応できる戦略の検討が急務だ。

■ニューノーマル２：各市場やセグメントは際どい二極化が進む

類型で見て、「米国都市型」「中国都市型」のニューノーマルはビフォーコロナの姿とそれほど大きく変化はしないが、「先進国大都市型」「欧州大陸都市型」は多大な構造変化が起こる可能性が高い。どの類型にも共通するのは、極端な二極化が進むということだ。高級車と足代わりの小型車、パーソナルユースとレジャーユース、自家用車（POV）とMaaS車両の構図に見られるような、両極端に成功要因がある。凡庸な中間層が最も苦難を強いられるだろう。

■ニューノーマル3：車両走行距離は安定成長できるが、MaaSシフトが進む

2030年に向けて車両走行距離は年率2％程度の安定成長を予想する。車両走行距離も減少し、その結果、新車販売台数が減少するという単純な議論には与しない。世帯あたり保有台数、年間トリップ回数、平均移動距離などの変数は各類型都市で動きが異なる。自家用車での人流の成長力は減衰するだろうが、MaaSは人流、物流ともに大幅な成長が望める。

■ニューノーマル4：CASEは際どく加速する

コロナは自動車産業のデジタル化を推進し、CASE革命の実現を手繰り寄せる。コネクティッドは劇的なパラダイムシフトを引き起こし、自動車はフル・コネクティッド化とソフトウエア化へ疾走することになる。自動車産業のDXがいっそう加速される。自動車の流入規制、都市道路の低速化がMaaS領域でのレベル4の自動運転車の社会実装を早める。社会政策、SGDs（持続可能な開発目標）の実現とも相まって、電動化時代の本格到来を早めるだろう。2030年の電気モビリティの普及予測はより強気に見ていかなければならない。

■ニューノーマル5：顧客接点オンライン化は想像以上に早い

新車販売ディーラーにおける顧客接点のデジタル化は大幅な加速が不可避となった。ディーラーの販売・サービスプロセスの多くはオンライン化が着実に進み、「米国都市型」「欧州大陸都市型」ではその変革速度が速い。２０３０年頃には、ディーラーの役割を根底から覆したオンライン販売が定着する時代が訪れる可能性がある。「作って儲けられず、売って儲けられず、直して儲けられない」時代の到来をコロナは早める可能性がある。ディーラーの構造改革とDX推進は待ったなしだ。

■ニューノーマル６：スマートシティの重要性は高まる

脱都市化の進展と公共交通依存率の低下によって、スマートシティのアフターコロナでの役割は修正する必要が生じた。しかし、経済需給ギャップの解消、SDGsを実現するニューディールを模索するなかで、社会変革型のイノベーションを推進する大きな波はスマートシティの存在意義を強く認識させることになるだろう。CASEとMaaSが交差し、リアルとサイバーが融合した壮大なスマートシティの重要性はアフターコロナで高まる。モビリティと暮らしの事業領域では、自動車メーカーは自動車バリューチェーンの拡大と非自動車の事業拡大、サプライヤーには膨大な非車載領域の事業拡大の好機となる。

2 コロナが手繰り寄せるCASE革命

▼加速するDX

コロナ禍を経験したことで、ユーザー・エクスペリエンス（UX）の期待値は大きく変化した。リアルな体験を大切にしながらも、デジタルの効率性を追求する。在宅勤務が実現できたのであれば、他の行動や生活も可能な部分はデジタル化し、余暇を生み出してさらに充実したリアルな体験を望んでいく。

社会的な要請も大きく変質する。SDGs実現の重要度はさらに高まり、テクノロジーが社会や政治の体制をも巻き込み、社会変革型のイノベーションを推進する大きな波に自動車産業は呑み込まれていくはずだ。自動車産業は先行してCASEを実現し、求められる顧客体験や社会的責任をまっとうしていかなければ、その役割はIT企業や新興企業に明け渡すことになるだろう。

誰もが時間がかかると考えた自動車産業のデジタル化を、コロナは実現する可能性を引き寄せる力をもった恐ろしい存在だ。あたり前であるが、DXの推進は重大な産業課題となった。自動車産業の設計・製造・販売・サービスのバリューチェーンのそれぞれの工程でデジタル化を強く加速化せねばならない。

もちろん、単純化したDX論は危険である。どの領域、どの地域でいかなる質のデジタル化が進むのかといったメッシュの細かい丁寧な議論が必要だ。そうでなければ、「何でも標準化したレゴのようなモジュールにすればよい」というような、かつてのおかしな論点にすり替わってしまう。

➤アフターコロナで加速する自動車産業の3つの構造変化

DXはコロナ禍にかかわらず自動車業界の最大の対応課題であった。しかし、どう見てもこれまではデジタル化が苦手な産業であった。安全を最大限に守らなければならない責任の呪縛の中で、非常に効率が高くインフラが整備された内燃機関（エンジン）の優秀さが、さらにデジタル化の抵抗勢力となってきたようだ。

クルマのIoT化、デジタル化の技術革新が進み、集積したデータを解析し活用する知能化（AI）技術の進化が自動運転やMaaSのような新たな価値を生み出す。抵抗勢力となった内燃機関（エンジン）を置き換えるのが、電気を主体とする動力源だ。この一連の変革がCASEだ。自動車軸で見た自動車産業のデジタル革命である。

MaaSという言葉はさまざまな定義で用いられるが、本書ではヒト・モノ・サービスと自動車・モビリティとを双方向で結びつける広義のモビリティ・アズ・ア・サービスとして位置付け

図表7-1 ● CASEとMaaSの関連性の整理

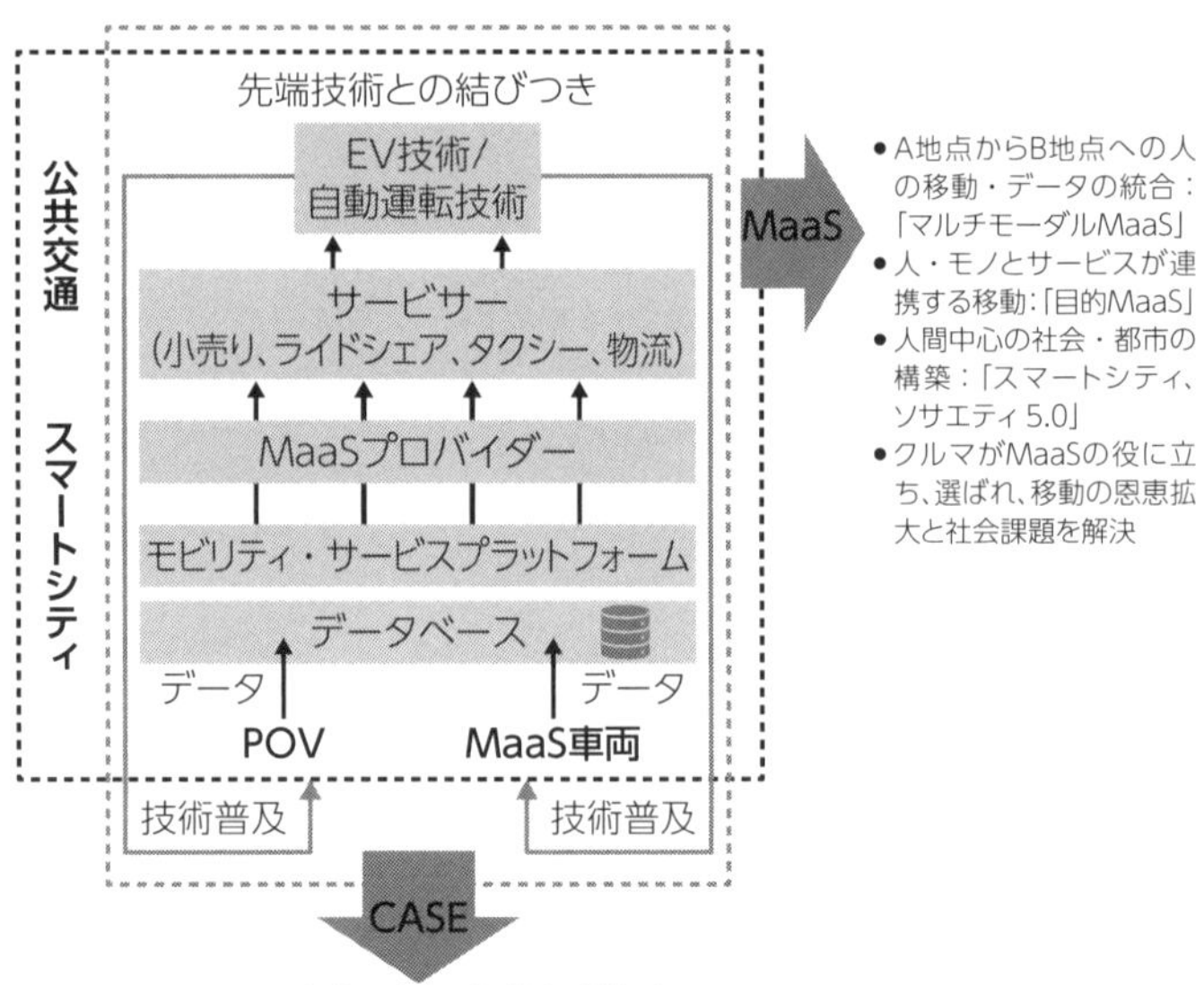

出所：ナカニシ自動車産業リサーチ

てきた。自動車産業が求められるUXを提供し、社会的責任を果たしていくには、CASEとMaaSがクロスするところにあるリアルとサイバーの融合した壮大なDXを実現しなければならない。

CASE革命では、3つの重要な構造変化が起こると考えてきた。まず、すべての移動手段のうち、保有を前提としたPOVによる移動から、共有し利用するサービス車両、いわゆるMaaS車両で移動する比率が上昇する。そして、産業構造にはIT企業のような新たな支配レイヤーが登場し、付加価値連鎖の中でプロフィットプールの場所が変わり、スマイルカーブ化が進む。自動車会社にとって最も脅威なのが、競争力の源泉が台数規模の競争からデータ規模の競争となり、直線的な競争力の向上ではなく指数関数的な規模の競争に変質するところだ。自動車会社は、このデータを支配する、すなわちプラットフォーマーとなることが求められる。

▶CASE革命を設計する新しいアーキテクチャ(設計概念)

ＣＡＳＥ革命はソフトウェアの時代と同義であり、自動車の製造・販売の付加価値はハードウェアからソフトウェアに移行する。この変革を実現するのがハードウェアとソフトウェアの切り離しである。ものづくりを中心とした産業構造が一変するわけではないが、ボーリングにたとえるなら、ソフトウェアを一番ピンとして狙いを定めるビジネス設計が不可欠となるのだ。

このソフトとハードの切り離しの概念を正しく理解することで、ＣＡＳＥ革命の理解はいっそう深まる。伝統的なクルマは可動部分のハードウェアと制御部分のソフトウェアが連携して初めて「走る・曲がる・止まる」の機能を発揮してきた。ただ、近年のクルマはハードウェアとソフトウェアをひも付けたシステムが複雑に絡みあい、制御信号の通り道であるワイヤーハーネスが絡み合ったスパゲッティ状態となっている。こういった、それぞれの機能を分散制御するレガシィ・システムの改革が課題だった。

そこに、コネクティッド・カーへの進化が始まる。クルマのＩｏＴ化とは常時インターネットに接続されたコネクティッド・カーに変身することがスタート地点だ。「走る・曲がる・止まる」に、「つながる」の機能が加わる。今はまだほとんど実現できていないが、近い将来のクルマは、インカー情報（いわゆる車載通信ゲートウェアの内側にある車両制御データ）と車両外のアウトカーの情報（例えば地図情報）が連携し、自動運転、高度安全運転支援、コネクティッド・サービス、車内エンターテインメントなどの高度な安全・安心、快適、快楽などのユーザー体験を作り出す。

その実現には、オーバー・ザ・エアー（OTA）と呼ばれる通信（コネクティッド）を用いたソフトウェアのアップデートができることが必要だ。現在のスマートフォンやPCではあたり前の機能である。OTAをクルマで実現するには、ソフトウェアのアップデートが既存のハードウェアに干渉しない、新しい設計概念（いわゆるアーキテクチャ）が必要になってくる。これが、ソフトウェアとハードウェアの切り離しを実現できるアーキテクチャである。

アーキテクチャというものは家を建てるときの基礎（土台）のような存在であるが、車台プラットフォームのような物理的なアーキテクチャだけでなく、電気と電子を制御する論理的なアーキテクチャ、いわゆる電子プラットフォームがクルマの進化を支える重要な役割を担う時代がすでに訪れている。

最近では一般的になってきたADASのレーンキーピングアシスト機能（前方車両を追随しながら車線中央を維持）を提供するには、エンジン、ブレーキ、ステアリングを協調しながら制御しなければならない。現在の車両には分散制御するコンピュータ（ＥＣＵ）が約70個搭載されている。これを6個程度のドメインごとにＥＣＵ群を整理し、分散したＥＣＵを統合制御してきた。

しかし、こういったレガシィを残しながら、ＯＴＡを実現することは非常に難しい。まずは、ＥＣＵにあるソフトウェア量の爆発的な拡大が予想される。ECUに組み込むソフトウェアの総ステップ数は、これまでの数千万ステップが２０２０年に1億ステップを超え、２０２５年までに数億ステップへ拡大し、コネクティッドを前提とする自動運転技術を実現する２０３０年には10億ステップに達するといわれる。それらを複雑に連携し、さらに外からの情報と協調し統合制御することは無理である。

▼ソフトウェアが重要な競争領域へ

ソフトウェアとハードウェアを切り離し、コネクティッドデータがインカーとアウトカーを行き来しながら、膨大なソフトウェアをより大きな頭脳で集中的に演算をする。柔軟にソフトウェアをアップデートしながらも、ハードウェアのセットアップを必要としない。こういった電子プラットフォームは、早くは２０１６年頃からドイツのボッシュやコンチネンタルといったティア1が「中央集権型Ｅ／Ｅアーキテクチャ」と呼び進化を主張してきた。

世界の主力自動車メーカーはＣＡＳＥの機能を搭載したフル・コネクティッドの車両を開発す

図表7-2●vw.OSとソフトウェア、ハードウェアの切り離し

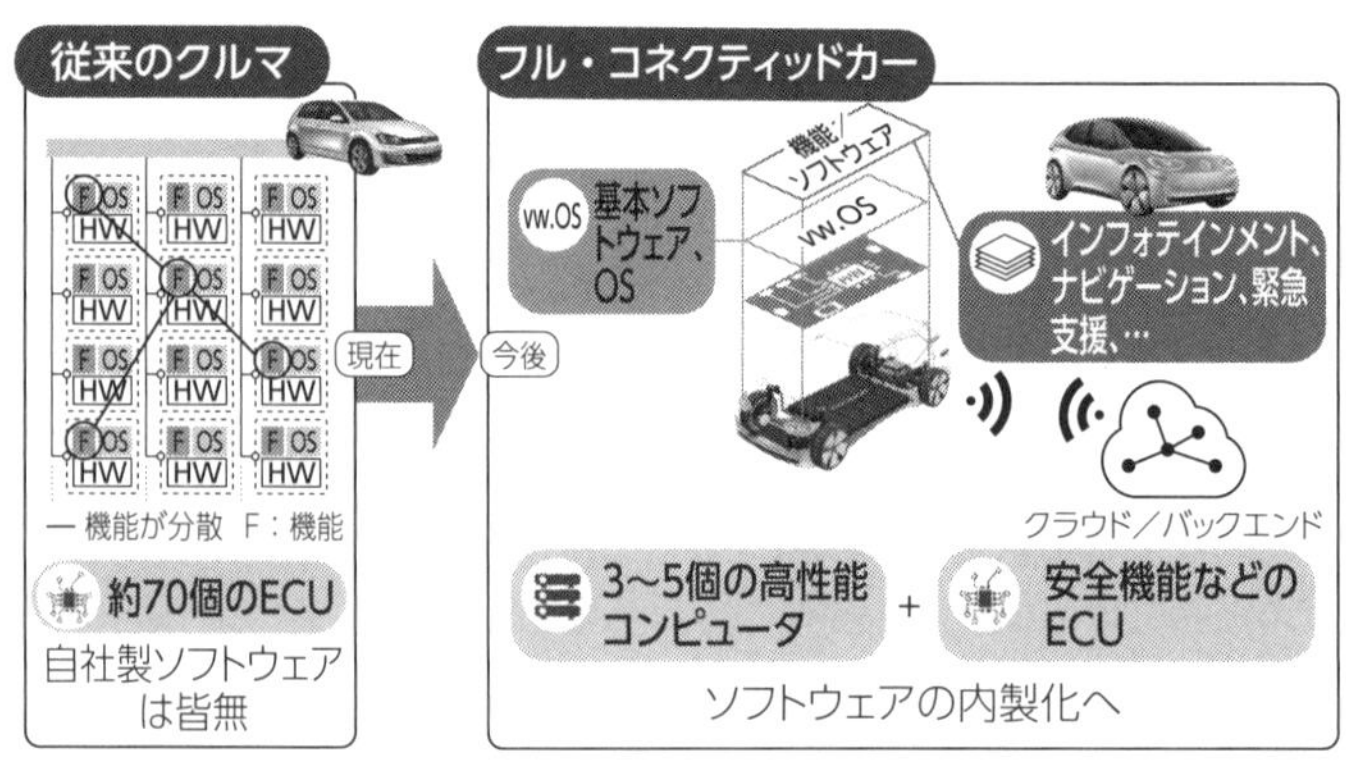

出所：フォルクスワーゲン資料を基にナカニシ自動車産業リサーチ作成

べく、次世代アーキテクチャの開発を進めてきた。VWグループは「ITアーキテクチャ」と銘打ったデジタル戦略を公表済みだ。VWグループは車載ソフトウェアの60％を社内で開発し、その付加価値を企業成長の原動力に据えようとしている。

多くのティア1サプライヤーは、自らが築き上げてきた分散型ドメイン制御に不可欠なECUのソフトウェアが持つ付加価値を守りたい。ティア1にすれば、ハードウェアだけの会社になるわけにはいかず、必死で統合制御できる頭脳の確立を目指すだろう。ソフトウェアの付加価値をティア1が支配できるのか、それとも自動車メーカーが反撃して奪い返すのか、新しい競争の構図が生まれそうだ。

生産が始まったVWの新型EV、ID．3やID．4は「MEB」というEV専用プラットフォームをベースに開発された。ここで先行的にITアーキテクチャの頭出しを実施し、中央集権型ECU

には世界発でコンチネンタル製のＨＰＣ（ハイパフォーマンスコンピューター）を採用し、「ｖｗ・ＯＳ」と銘打ったビークルＯＳを導入した。

ビークルＯＳとは、切り離したソフトウェアとハードウェアの間にある自動車メーカーが独自に開発するソフトウェア基盤である。中央集権型ＥＣＵのソフトウェアや様々なソフトウェア開発はオープンな環境で実施され、自動車メーカー独自開発のビークルＯＳ搭載車の互換性を高めるものだ。先行しているｖｗ・ＯＳに対し、ダイムラーは２０２０年６月にビークルＯＳ「Mercedes-Benz Operating System（ＭＢ・ＯＳ）」を搭載した車両を２０２４年から量産する計画を発表した。

トヨタは自動運転開発の子会社ＴＲＩ－ＡＤ（トヨタ・リサーチ・インスティテュート・アドバンスト・デベロップメント）において、「アリーンＯＳ（Arene OS）」を開発中であり、２０２４年までに量産車に搭載を始める考えだ。ホンダも次世代 Honda Architecture を２０２５年までに完成させ、ビークルＯＳを搭載したフル・コネクティッド車を量産する考えである。

「ビークルＯＳは世界で3方式しか生き残らないだろう」

独ボッシュのソフト開発子会社イータスのフリードヘルム・ピッカード社長はそう未来の方向性を示している。[11]

独ボッシュ、コンチネンタル、米アプティブ、そして日本のデンソーらが自動車メーカーと連携して進めているのが、オートザー（ＡＵＴＯＳＡＲ、AUTomotive Open System ARchitecture）

と呼ばれるもので、欧州標準のベーシックソフトウェアを基にサプライヤーと自動車メーカーが協力して構築していく、いわば業界の標準品だ。それに対抗するのは米IT会社の方式である。グーグル傘下で自動運転車を開発するウェイモ、独自路線のテスラがすでにかなり高度なビークルOSを完成させてきている。残るは中国方式というわけだ。米中貿易摩擦の対立激化を受けて、中国は独自方式を打ち出す可能性が高い。

CASE革命が革命的に見えない最大の理由は、我々はいまだにほとんど伝統的な車両しか見ていないためだ。変革を実現できる設計が完了するのは2024年から2025年のタイミングである。しかし、米IT勢は伝統的な自動車会社よりも、6年も7年も早くこういった変革を実現している。それが、グーグルのウェイモであり、テスラのモデル3なのである。

3 テスラの成功要因

▶ハードウェアの陳腐化、ソフトウェアの高付加価値化

テスラのモデル3は、中央集権型ECUと独自の電子アーキテクチャを基に、ハードウェアとソフトウェアの切り離しを完全に実現している。その結果、フル・コネクティッドサービスや車両データの集積を進め、ソフトウェアの価値を、ユーザーを魅了する顧客体験と収益源に作り上

げている。モデルSでも同様な設計思想に基づいていたが、2018年投入のモデル3に搭載された車載コンピュータ（HW3・0）のレベルに自動車産業は驚愕したのである。

ハードウェアとソフトウェアの切り離しの完成度を高め、「FSD（フルセルフドライビング）」のソフトウェアを、車両から切り離したオプション販売とし、戦略的に拡大させる。FSDはレベル4の自動運転技術へのアップグレードが可能であると謳っている。モデル3やモデルYを購入する消費者にとって最も魅力的な価値となっている。

テスラは、確信犯として、ハードウェアの価値の陳腐化を早め、ソフトウェアの価値で儲けていく戦略を進めている。伝統的な量産車メーカーがどれだけ急いでも、本格的なOTAを実施できるのは2025年頃であり、それまでは敵がいないことをテスラは大変良く理解している。敵が来る前に、ハードウェアでは儲けにくく、ソフトウェアで儲ける構造をいち早く構築しようとしているのである。

テスラは、人気を博している新型モデルYの販売価格を3000ドル値下げした。一方、FSDのオプション価格は最初は5000ドルでスタートしたが、その後1000ドルずつ3回も値上げし、本書執筆時点では8000ドル（国内価格87万1000円）とした。このFSDの粗利率は80％あるといわれており、このソフトウェア販売の利益だけで、伝統的なカムリなどの乗用車販売から得られる1台あたりの限界利益を超えている。

▼テスラの時価総額がトヨタを超えた

2020年7月7日のテスラの時価総額はトヨタのみならず、そこにホンダ、日産の国内大手3社の合計（27兆1036億円）をも上回った。8月26日現在では42兆円を超えている。なぜ、年間の生産台数わずか37万台のテスラが1000万台超のトヨタに比べ、時価総額でより高く評価されるのか。クルマの販売台数規模で、企業の競争力や価値を比較することがもはや意味を失い始めていることを如実に表している出来事だ。

自動車メーカーとしてテスラを評価することはもはや難しい。テスラはIT企業的な企業評価に移行している。データやソフトウェアで収益基盤を構築し、IT企業が築いたような指数関数的な規模成長を実現できるプラットフォーマーと同様の評価に基づいているようだ。

将来のキャッシュフローを資本コストで現在価値に割り引いたものが企業価値であり、負債価値を除いたものが理論上の株式価値＝時価総額となる。一般的な株式価値評価では、年間の利益に対しての尺度であるPER（株価収益率）が最も一般的だ。しかし、テスラの2020年のコンセンサス1株あたり利益予想は4・8ドルであり、PERは300倍を超える。一方、赤字が当然の成長過程初期のスタートアップ企業や、独占的なプラットフォームを築き将来的に指数関数的な規模成長を実現できるIT企業の評価には年間の売上高に対して何倍まで評価されているかを計るPSR（株価売上高比率）がよく用いられる。

環境規制が厳しく、CASEの構造変化からの収益悪化懸念が強い自動車産業ではPSRは

図表7-3 ● 自動車メーカー、IT企業のPSRと売上高成長率の対比

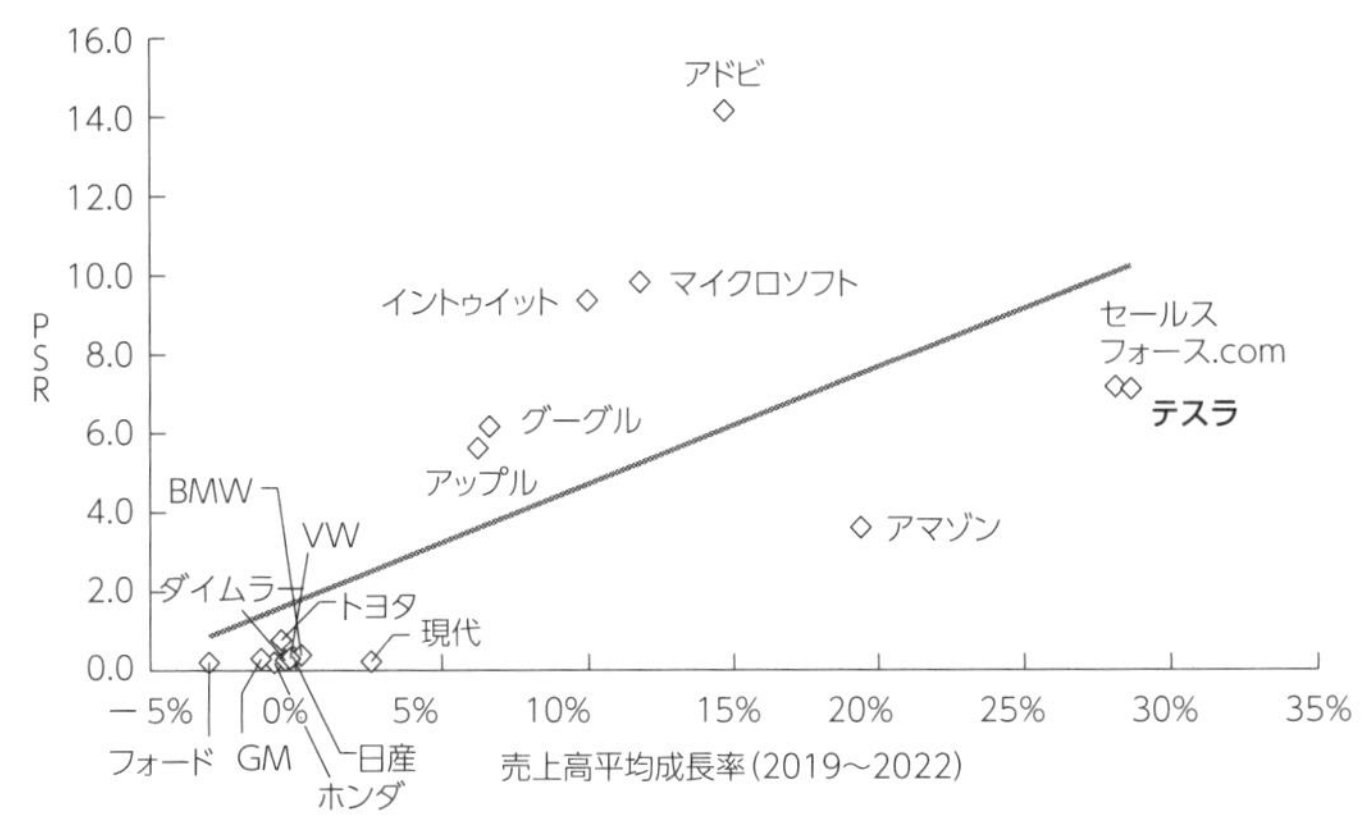

注：株価は2020年8月3日現在。PSR＝時価総額÷2022年売上高
出所：ナカニシ自動車産業リサーチ

０・５倍を下回る。テスラのＰＳＲは今期コンセンサスに対して約10倍、来期で７倍となる。テスラはＩＴ企業やスタートアップ企業の評価に近く、直線的な成長カーブを描く伝統的な自動車産業の評価軸ではない、指数関数的な規模成長を実現できるＩＴ企業のような評価が与えられていることが理解できよう。ＣＡＳＥ革命を事業収益機会としてビジネスモデルを確立しつつあるテスラから、ＣＡＳＥ革命が及ぼすインパクトの巨大さを感じざるを得ない。

▼テスラの事業収益機会には大きく３つの方向性

テスラの事業収益機会には大きく３つの方向性がある。第１に、テスラは蓋然性の高いＥＶの販売台数成長とＥＶからの収益拡大を両立できる唯一の自動車会社なのである。内燃機関の高い収益性は自動車会社にとって魅力であるが、付加価値が小さく儲けの少ないEVに置き換わることで、一転、内燃機関は巨大なレガシィコストを生じさせる。

大衆車クラスの内燃機関車がEVに置き換わると、約60万円の限界利益格差があると言われる。10万台置き換われば600億円、100万台置き換われば6000億円も伝統的な自動車メーカーは収益機会を逸する。テスラには失う物はない。現在はクレジット販売益が儲けのほとんどであるが、EVの収益性は生産規模の拡大とともに好転し、作れば作るほど収益機会を成長させられる。テスラはEVで誰よりも先に事業収益性を確立し、価格リーダーシップを発揮して車両（ハードウェア）から得られる収益機会を伝統的な自動車メーカーから奪い去ることも可能だ。

第2に、先述のソフトウェアやデータの指数関数的な規模成長期待を示している。ハードウェアとソフトウェアの切り離しを実現し、ソフトウェアを収益機会に取り込むことで完全に先行している。フル・コネクティッドから得られる車両データの蓄積を進め、「テスラネットワーク」のような自動運転車によるロボタクシー事業の展開や、所有者が自ら使用していないときにロボタクシーとして提供し収益機会を得られることも目指している。

第3に、CASE車両に不可欠な高度技術をほぼすべて垂直統合し、独自開発する能力を有している。テスラは、車載電池生産、高性能半導体設計、高度な自動運転アルゴリズム、統合され

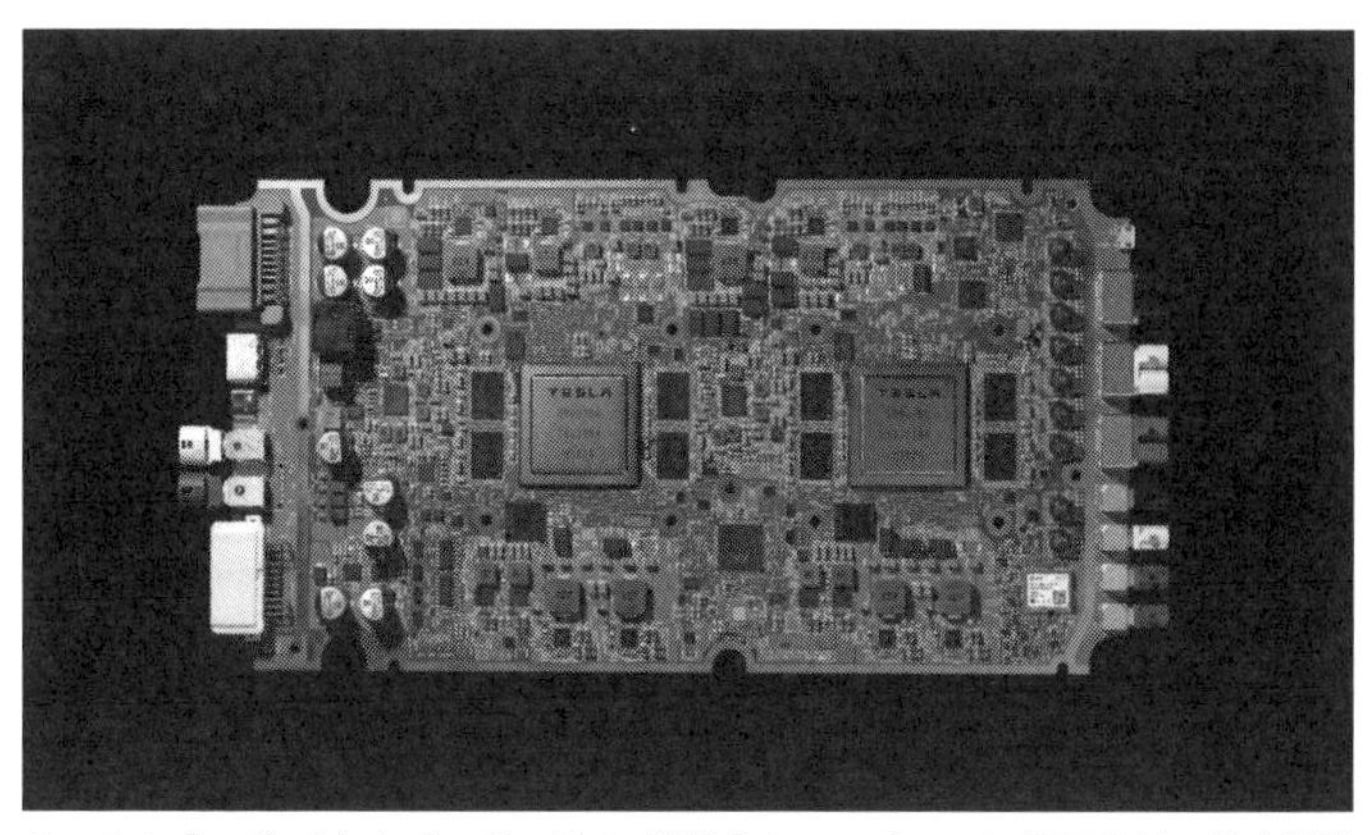

テスラの「モデル3」や「モデルS」に搭載するコンピュータ「HW3.0」。独自開発した自動運転用のAIチップを実装している。
写真提供：テスラ

たシステムを組み込んだＳｏＣ（システム・オン・チップ）、そして中央集権的な統合制御ソフトウェア、電子プラットフォームをすべて自社開発している。ＩＴ会社的な文化で、自動車産業から見れば「クレイジーだ」と言われるような領域においても自社で開発・設計を進めてきた。

２０１７年５月、オートパイロットを搭載したモデルＳが、ハイウェイ交差点で左に曲がろうとハンドルを切った大型トレーラーの荷台に激突し、運転手が死亡する凄惨な事故があった。前方を監視していなかった運転手に非があるのだが、この時、テスラは画像認識アルゴリズムの最大手であるモービルアイと袂を分かった。そして現在のＦＳＤを自前のアルゴリズムで完成させている。自動運転用の半導体では従来は代表的なエヌビディア製チップを用いてきたが、HW3・0では144TOPS（trillion operations per second）というハイパフォーマンスなFSDチップを自前で設計した。ARMアーキテクチャをベースとし、製造はサムスンに委託するとしても、半導体の基本設計はすべて内部の独自のものだ。この開発プロジェクトをわずか3年程度で実現させている。フル・コネクティッドされた自社車両から得られる車両データの規模があって先端技術開発に強みが生まれるようだ。

伝統的自動車メーカーはどうだろう。電池事業を本格的に内部に取り込んできたのはトヨタ自動車ぐらいで、基本的に車載電池を外部から購入していかなければならない。半導体は半導体メーカー、ソフトウェアやECUは、ボッシュ、デンソーなどのティア1サプライヤーと共同開発していかなければならない。それぞれのサプライヤーには自らの都合があり、駆け引きがあり、何よりも付加価値をめぐる争いがある。

▼テスラが先導するCASE革命

なぜ、テスラはこれほど早くCASE革命を実現できるのか。それは、レガシィ構造を持たず、数が限られたEVプラットフォームだけの設計・製造に限定されるという、身軽でシンプルな企業構造であることが重要なポイントだ。内燃機関のレガシィ、サプライヤーのレガシィを持っていない。オンラインの直販だけというビジネスモデルでスタートしたので、販売店のレガシィもテスラには不在だ。

伝統的な自動車メーカーはテスラのように身軽にはいかない。２０３０年に20％の車両生産が電気を主体動力源とするＥＶやプラグイン・ハイブリッドになるとしても、残る80％には内燃機関が搭載される。内燃機関車のハードウェアの切り離しは、ＥＶほど簡単ではないし、そもそも対応しなければならない車両のバリエーションは大量に存在する。サプライヤー・レガシィも頭が痛い問題である。

サプライヤーと一体とならなければシステム開発が困難なほど車両は複雑化し、ソフトウェアの難易度も高い。サプライヤーの立場で言えば、ＥＣＵの数が減少し整流化される中央集権的な統合制御ソフトウェアは、よほどソフトウェアの開発力に自信がなければ利益相反にもなりかねない。

伝統的な自動車メーカーにとってのさらなる悩みはディーラーの構造改革である。２０３０年に80％の内燃機関を搭載した車両が販売されるということは、蓄積された保有車両数の中で内燃機関車両は当面は大多数を占める。様々な部品のバリエーションを維持し、補修や修理のサービスを提供し続けなければならない。しかし、オンラインで新車を販売し、メンテナンスサービスを受ける顧客志向が高まってくるとすれば、ディーラーも構造の改革が不可欠となる。この2次方程式を解くことは容易ではない。

話をテスラに戻そう。レガシィの呪縛に苦しむ伝統的な自動車メーカーを飛び越えて、ＣＡＳＥ革命がもたらす自動車の付加価値変化で独り勝ちしかねない現状を認識はできた。しかし、テスラがデータやソフトウェアの付加価値を生み出すプラットフォームとは、EVを製造し販売するというものづくりのビジネスである。その競争力を計る規模は、伝統的な自動車メーカーと同じ直線的な成長である。

モデル3の生産品質問題で苦しんだが、それを乗り越え絶好調なテスラも、50万台の次は100万台、その後には200万台の成長の壁が控える。特に、保有台数の増加に伴って、品質維持やメンテナンスという、ディーラー販売店が顧客接点をハイタッチに維持してきたことと同等なサービスも提供しなければならなくなる。現段階のテスラのものづくりとしての規模は、プレミアムブランドの中堅レベルである、レクサスやボルボクラスのプレミアムメーカーに近い規模を築いた段階にすぎない。生産地獄は乗り越えたが、品質地獄、メンテナンス地獄も避けては通れないだろう。ここのEVの製造・販売・メンテナンスのプラットフォームを盤石にして、初めてテスラのプラットフォームは確立できるといえよう。

▶アップルもソニーも恐らく黙ってはいない

「タイタン計画」でウェイモと同様な自動運転車開発に乗り出したアップルは、2018年にその開発規模を縮小させ、自動運転ソフトの開発を中心に進めてきた。カリフォルニア州でアップルの自動運転キットを実装したレクサスRXなどを用いた公道実証試験を繰り返している。

最近は再び車両開発への取り組みを強めてきたという話が聞こえ始めている。「アップルカー」

の製造・販売を始め、ファイナンスからソフトウェア、ハードウェア、アクセサリーも含めた巨大なバリューチェーンを垂直統合するビジネスモデルへの野心は消えていないようだ。アップルの攻めの姿勢への転換は再び大きな話題を呼ぶ可能性がある。

アップルに先行して世を驚かせたのが、2020年1月のCESでソニーが発表した「VISION-S」プロトタイプのEVだ。ソニーの持つカメラ、画像センサー、AVエンターテインメントをフルに搭載した、実際に走るEVを自ら開発して発表したのである。

シャシー開発はオーストリアのマグナ・シュタイア、ボッシュやコンチネンタルなどのティア1サプライヤーも開発に参加している。車両・内装に加え、ユーザーインタフェース（UI）のデザインはソニーが自ら実施した。セールスポイントは没入感の溢れる車内エンターテインメント、スマートコクーンと名付けたセンサー技術を満載にした安全で快適な空間の創造にあった。

自動車事業への戦略的な取り組みを再定義するため、ソニーはわざわざ多額の研究費をかけて1台のプロトタイプのEVを作り上げた。ソニーとしてCASE革命のクルマに対しどういったことができるか、その世界を深く理解することが目的である。「ソニーがクルマを作る」とメディアも一時は大騒ぎとなったが、ソニー自体は「自動車の製造販売ビジネスに参入するつもりはない」とやんわり否定している。

開発担当の川西泉執行役員は、開発の狙いは⑴センサー系の開発や販売促進につなげる、⑵音楽、映像、ゲームを含む車内エンターテイメントの発展、⑶クルマがクラウドにつながるIoT

の端末となることで生まれる変化（例えばソフトウェアの価値増大）に対し、ＩＴ側から何ができるかを検討することにあるという。

ただ、２０２0年度内に第2世代のVISION-Sでナンバープレートを取得し、世界の公道で実験走行を開始する計画を公約している。そこにかかる開発費用の合計金額は相当なものに達するだろう。クルマをより深く理解しようという目的だけで、許容できるようなものではない。伝統的な自動車メーカーになろうとしているわけではないだろうが、ソニーには、想像以上に大きな野望があるように筆者は感じている。

ソニーは、スマートフォンに続くモバイル通信のパラダイムシフトの後は、ＩｏＴ端末となった自動車が生み出すモビリティに大きな変化が訪れると考えているだろう。クラウドにつながったデバイスとしてクルマのプラットフォームを手掛け、モビリティが生みだすデータとソフトウェアの価値を確実に狙っているはずだ。その実現を目指すソニーのプラットフォームがどのような姿になるのかに興味は尽きないし、その動きは注視していかなければならない。

4　スマートシティの未来

▼グーグルのトロント開発撤退の衝撃

日本で緊急事態宣言を受けた自粛中の5月7日、グーグルの兄弟会社であり都市開発を行うサイドウォーク・ラボのダン・ドクトロフCEOが突如トロント市で取り組んできたスマートシティ開発への参画をとりやめることを発表した。これは新型コロナウイルス感染症がモビリティと産業・都市の進化に及ぼす大変化の号砲にも聞こえる衝撃であった。

「世界中で、またトロントの不動産市場において、経済がかつてないほど不安定になっている。そのため、真に包括的で持続可能なコミュニティを構築するという、ウォーターフロント・トロントとともに立てた計画の中核部分を犠牲にすることなく12エーカー（約4万8500平方メートル）規模の都市を実現するのは、財政的に不可能だ」とドクトロフCEOは決意の理由をブログで公表した[12]。

2017年10月に発表されたトロントでのサイドウォーク・ラボのスマートシティ構想とは、カナダのウォーターフロント・トロント公社とパートナーを組み、トロントの南東部のウォーターフロントエリアをスマートシティに再開発するというものであった。海岸沿いに位置する「キーサイド」と呼ばれる寂れた工業用地に木造の高層ビル群を建築し、生活と仕事を共有できるスマートシティを構築する。CASEとMaaSとが連携し、未来のモビリティを有する夢の都市づくりのプロジェクトである。

サイドウォーク・ラボや中国IT企業がスマートシティ事業へ参入を急ぐ背景には、スマートシティの上流にあるオペレーティング・システム（OS）を支配し、市民の暮らしや移動のデータを独占する狙いがあるためだ。IT企業が主導して街のOSを築き、様々なデータを駆動して効率的で健康的な暮らしを創造する。その街では、クルマは保有して人々が自ら運転するものではなく、社会の共有デバイスとなる。

スマートシティのプラットフォームが未来のモビリティやデータ駆動で優位に立つための重要な競争領域になっていることは理解できる。ではなぜ、サイドウォーク・ラボはいとも簡単にそのような重要プロジェクトから手を引く決断に至ったのだろうか。

▼実態は不動産バブルシティ

プロジェクトは始まりから躓き（つまずき）に躓き続けていたことも事実である。プロジェクトの開始当初、市民や地域政府の意見に耳を傾けなかったことで関係が悪化してしまった。サイドウォーク・ラボは方針転換し、関係改善に向けいくつか手を打ったが、結局、最後まで関係改善ができなかった。その結果、プロジェクトは縮小され、第1期の12エーカーの開発の次のステップが見通せなくなってしまった。データの匿名性や使用目的について市民から疑問視され、監視システムにプライバシーが脅かされるという市民の不信感を払拭することもできなかった。

トロント市は積極的な移民政策を掲げ、2041年までに280万人がトロントに移住すると予測し、人口は900万人以上に増加すると考えられていた。グローバリズム（国際化）とアーバニズム（都市化）の権化のような都市がトロントだったのだ。

そのため、スイスに本拠に置くUBS銀行が毎年公表する「不動産バブル指数」において、トロント市は常にトップレベルに位置し、バブル崩壊「危険数位」の常連だった。厳しく言えば、理想郷のように聞こえた「サイドウォーク・トロント」プロジェクトとは、価格高騰を見越した不動産開発型のスマートシティ構想であったと言える。

コロナ時代のニューノーマルにおいて、需給面の大きな変化が不動産価格や取引量に多大な影響が懸念されるとき、たかだか東京ドーム1個分程度の広さしかないキーサイドを再開発しても、どだい採算に乗ることはなかったということなのだろう。コロナはわずか数週間でそのような冷静な再計算をサイドウォーク・ラボやグーグルの親会社であるアルファベットに迫ったのである。

▼脱都市化の流れとスマートシティの存在意義

サイドウォーク・ラボの計画頓挫は、コロナがもたらすニューノーマルが、いかにスケールの大きな変化を我々のもたらすかを見せつけた。では、コロナ危機を受けて、今後のスマートシティの在り方をどのように見直していくべきなのだろうか。スマート社会の未来図に多くの人たちは不安を感じている。

確かに、ビフォーコロナで大前提に置いてきた都市の過密化と、MaaS中心の移動社会は形を変えざるを得ない。ヒトの過密化は緩和が予想される一方、モノとサービスのMaaSの移動量は大きく増大するだろう。ヒトはPOVでの自由な移動を一段と欲する可能性はあるが、何のコントロールもなければ渋滞、公害を引き起こし、都市のディストピア化は避けられない。ポストコロナを見据えた、社会変革型イノベーションにつながるスマートシティを研究し、実装していくことはコロナによって生じた需給ギャップを埋め、SDGsの確実な達成を実現するために重要な課題である。

中国での「新基建プロジェクト」やEUでの「ニューEUホライズン2020」といったイノベーションへの投資が積極的に拡大していく。日本でも、デジタル化の遅れや格差問題の克服、経済復興を果たすためにも、「ソサエティ5・0」といった社会変革型イノベーションが強く推進されていくだろう。ソサエティ5・0の成長機会250兆円の中に占めるスマートモビリティは21兆円であり、重要な要素である。

➤ウーブン・シティをやり抜く決意

トヨタは2020年1月のCESにおいて「ウーブン・シティ」（Woven City）構想を電撃的に発表している。静岡県裾野市にある自社の東富士工場跡地を中心とする東京ドーム約15個分（約70・8万平方メートル）の敷地に、トヨタが主導するスマートシティを2021年初頭にも着工するというものだ。私有地を活用し、既存の規制にとらわれない先進的な開発、実証を素早いスピードで回せる実証実験都市を築く考えである。

このウーブン・シティの最大の特徴は、道から設計をやり直すところだ。道は完全自動運転車両専用道、歩行者とパーソナルモビリティが共存する道、歩行者専用道の3つを設計し、それらが網の目のように織り込まれ、その周辺に街は形成される。エネルギー源として燃料電池発電を含めて、物流などのインフラをすべて地下に設置する。

同年3月24日には、パートナーとしてNTTと資本業務提携を発表した。トヨタとNTTは相互に2000億円規模で株式持ち合いを実施し、戦略パートナーとしてスマートシティ実現のコア基盤となる「スマートシティプラットフォーム」を共同で構築・運営し、国内外のまちづくりを展開する考えだ。

豊田章男社長は、5月の決算説明の席上において、ウーブン・シティはやり抜く領域であることを強く主張した。しかし、コロナ危機を受けて、トヨタ社内でも大きな議論が沸き起こったことは事実だ。数千億円もの投資規模を見込んでいるこのプロジェクトの意義をポストコロナの時

トヨタ自動車「ウーブン・シティ」構想

写真提供：トヨタ自動車

図表7-4 ● TRI-ADからウーブン・プラネットへの変遷

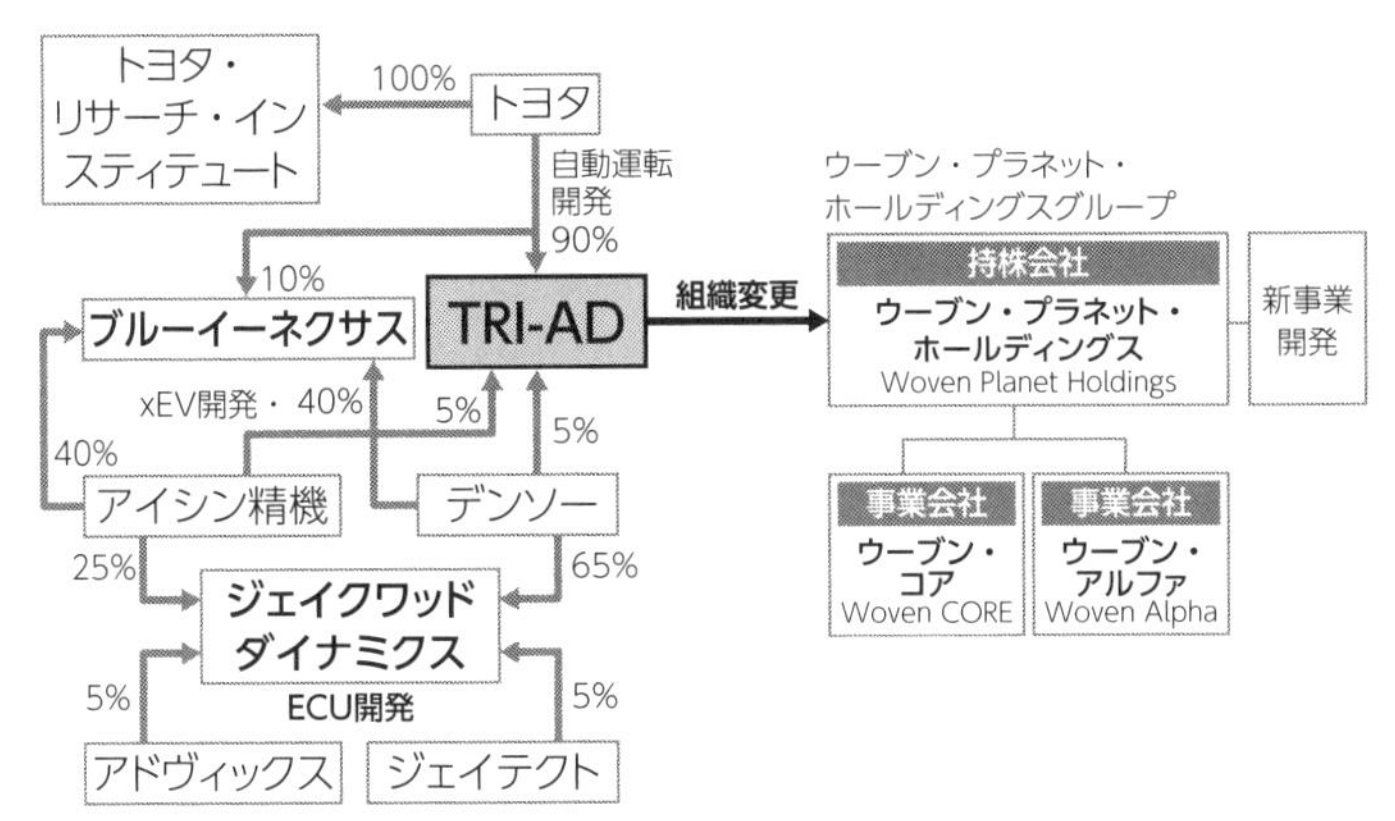

出所：トヨタ自動車資料を基にナカニシ自動車産業リサーチ作成

代に即した形に修正しなければならない。

2020年7月28日にTRI-ADは驚きの進化と組織の改革を発表した。TRI-ADは持株会社としての「ウーブン・プラネット・ホールディングス」へ2021年1月に組織変更し、その傘下に、TRI-ADの自動運転技術の開発、実装、市場導入を引き継ぐ「ウーブン・コア」とスマートシティ開発に取り組む「ウーブン・アルファ」が設立される。トヨタの狙いは2点ある。

第1に、自動運転車技術を突き詰めた結果、いわば自動運転車両が走行する街や道そのものから設計していかなければ、真の安全や喜びへ簡単に到達することが困難だとの強い問題意識が生じたことである。すなわち、自動車メーカーが築けるプラットフォームは、道、街、暮らしが連携するモビリティであり、スマートシティのプラットフォームがIT会社に対抗できる自動車メーカーの競争力と親和性の高い優位性のある領域であると考えている。

第2に、ハードウェアを競争力としてきたトヨタ自動車が、「ソフトウェア・ファースト」を掲げ、ソフトウェアから生まれる付加価値で勝負できる会社に転身しようとする狙いがあることだ。「ウーブン・シティ」では、ウーブン・シティのアーキテクチャ設計や不可欠なソフトウェア開発だけでなく、「アリーン・OS」（Arene OS）と名付けた車両のソフトウェア化を取り込む先述のビークルOSの開発を進める。むしろ、その2つを同時に同じ組織で取り組んでいくことが、世界でトヨタだけが実現する特別な強みである。

トヨタがものづくりを軽視しているわけではない。品質の高さ、耐久性の高さ、調達の容易さ、修理の容易さという、ものづくりの価値は今後も変わらない。しかし、未来の自動車のハードウェアがソフトウェアから切り離されたときに、ソフトウェアへの関わりが後退していては良いものづくりは途絶えてしまうリスクがある。ソフトウェアを理解し、かつ関わり続けることで「良品廉価」が維持できるのである。

したがって、ウーブン・アルファの設立をもって、トヨタがソフトウェアの会社になろうとしていると誤解すべきではない。「ソフトウェア・ファースト」とは、ボーリングの一番ピンとしてソフトウェアを狙っていくということだ。その1番ピンが後ろにあるハードウェアにヒットし、良品廉価なものづくりを極めていくということである。

5 新たなアライアンスの展開

▼アライアンスの3つの方向性

第5章で理解したことは、CASEが加速するなかで、自動車メーカーは巨額のキャッシュフローを遺失するという事態だ。生き残りの敷居である営業利益率5%を確保するためには、自動車産業は3兆円規模の固定費削減を実施し、2・7兆円規模の一般領域の開発費効率化を実現できる大規模な構造対応を実施していかなければならない。一般領域の開発費効率化は全体の15%にも相当する規模で、すでに3割近い効率化を目指してきた業界にとって、その実現は非常に困難な課題となるであろう。将来商品計画、パワートレイン戦略をいま一度抜本的に見直し、開発プロセスやリソース配分を根本から見直していかなければならない。

その中で、アライアンス戦略の再考も不可欠となるだろう。すでに、ビフォーコロナの段階で、FCAとPSAの大合併も含めて、世界の自動車メーカーは大きく6〜7グループへの再編が進んでいる。アフターコロナを見据えた次の資本・業務提携への動きが加速することは不可避だと考える。

アフターコロナでは、自力でCASE/DXの加速化を志す強みをさらに増す自動車メーカーと、新たなアライアンスを軸にそれに対抗をしていく道を探るグループに色分けされそうである。具体的に3つの類型が可能であり、まずは自力でCASE／DXを志し、さらにその取り組みの加速化を図れる「リーディングOEM」だ。次に、CASE／DXへの技術的な対応力を持ちながらも、スケールで見劣りするところから、中国自動車メーカーとの連携強化を突破口に据える「フォロイングチャイナOEM」がいる。そして、方向性が定まらない「ペンディングOEM」という3つの方向性でグループに色分けされる。

▼新たな「トヨタ対VW」の構図

リーディングOEMには間違いなく、トヨタ自動車、独VWグループが双璧となる。新たな「トヨタ対VW」の構図を作り出していきそうだ。2番手には米GMの存在がある。リーディングOEMは相対的に高い収益力と規模を維持できる。豊富な資金をデジタル化・ソフトウェア化へ投じることが可能であるし、長期的な戦略ビジョンを経営が有していることで、異業種との連携も進みやすい。コロナによるCASE加速は競合に先駆け、異業種と渡り合う好機であり、一段と飛躍する可能性が高い。リーディングOEMに寄り添う中小の自動車メーカーを取り込み、強力な陣営を形成することも可能だ。

フォロイングチャイナOEMは、一定の収益力を維持でき、かつ、CASEに対応する技術力も有する。しかし、アフターコロナのデジタル化・ソフトウェア化へ対応しようにも、資本力や

図表7-5 ● グローバル自動車メーカーのアライアンス展開図

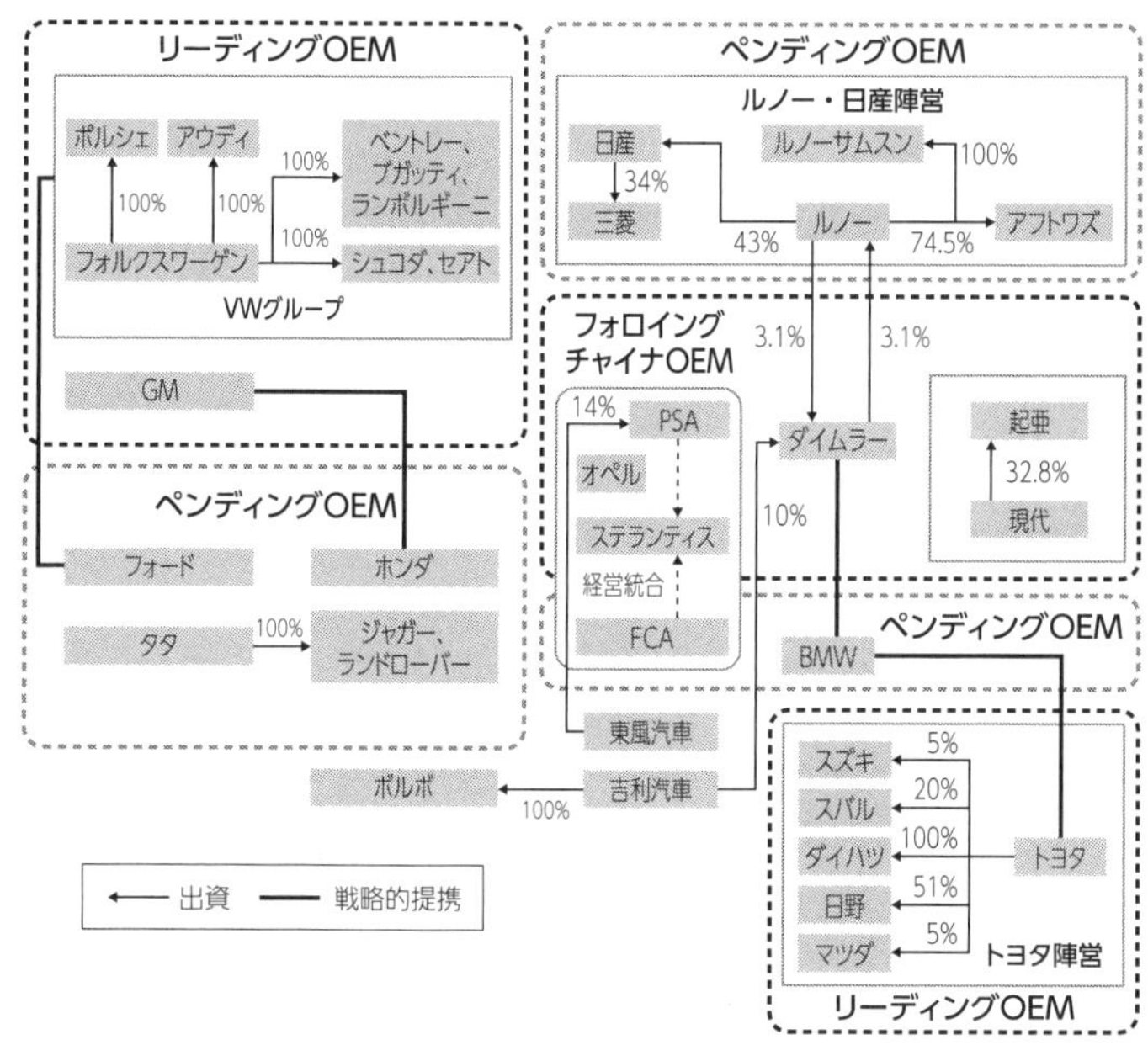

出所：ナカニシ自動車産業リサーチ

規模で見劣りし、その補完を中国系OEMとの連携に見出す可能性が高い自動車メーカーだ。その筆頭はダイムラーである。韓国の現代自動車もこれまでの韓国連合の自律的な成長戦略から、外部シナジーの取り込みが必要な段階にきており、中国陣営との連携はひとつの大きなソリューションとなるだろう。新生ステランティス（PSA－FCA統合会社）は、統合に際して一定の距離が中国自動車メーカーや中国政府と生じるが、統合が落ち着いたのちに、中国自動車メーカーとの連携強化を打ち出す可能性は残る。

ペンディングOEMは方向性が定まらないとしたが、その理由はさまざまである。アフターコロナの経営環境の下、収益性を崩し財務体質の悪化に見舞われる、ルノー・日産・三菱アライアンスは最たる例だ。資金的にも企業統治でも日本およびフランス政府との関係強化を余儀なくされ、国策とアライアンスの利害関係に挟まれ、経営が迷走する懸念がある。国家関与がすぎれば、ゾンビ化する懸念も出てくる。

米フォードは創業以来の大危機を迎えたと考える。米国市場は回復し、頼りのライトトラック市場が安泰なため、財政的な安定性はもちろん望める。しかし、CASE／DXの加速化を考えた時、過去5年間の試行錯誤の時間的ロスは致命的に映る。すでに戦略提携下にあるVWグループとのいっそうの関係強化は重要な生き残りへの選択肢となりそうだ。

▼ホンダとGMは戦略パートナーへ

ホンダ、BMWは小ぶりながら自前のポジションをしっかり築いている。ペンディングOEMと区分けしたものの、意思を持ったペンディング状態とも言える。それぞれ、部分提携を実施しながら、次の戦略の選択を考慮中と言えよう。そんな中、2020年9月4日にホンダとGMは部分的な提携関係を北米地域における戦略的アライアンスに発展させる考えを発表した。

これまでも、燃料電池車の開発・生産の合弁会社の設立（2017年）や、GMが開発したグローバルEVプラットフォームと独自の「アルティウム」バッテリーをベースとした2つのEVモデルの調達（2020年発表）、自動運転MaaS車両クルーズ・オリジンの共同開発（2019年発表）で合意してきた。

今度のステップは、北米の一般車両領域において、4つのセグメントでエンジンやプラットフォームの共有を検討するとしている。一般領域での開発効率化、コスト競争力向上を実現し、生まれた余力をCASEに一気につぎ込んでいくという思惑で、両社の目的が一致したのである。世界のアライアンス規模は1500万台レベルまで拡大しており、対抗していくにはGMとホンダは手を握り合わなければ生き残りは苦しい。当然の帰結と言えるが、両社の判断は早かった。早期に決断できた背景には、コロナによる危機意識が作用したと言えるだろう。

▼強くなければ生き残れない

コロナが自動車産業構造に突き付けた現実とは、デジタル化に遅れたこの産業構造を一気にデジタル産業に大変革させることだ。リーマンショックが新興国の時代を手繰り寄せたように、コロナショックはCASE革命を手繰り寄せる。そして、自動車産業は対応する時間的猶予を失い、その財源も奪われている。

産業の活力を失えば、IT企業や新興企業にイノベーションを主導する役割を明け渡していかなければならない。IT企業が仕掛ける破壊的、非連続的イノベーションは、自動車の付加価値をハードウェアからソフトウェアへと移行する勢いを加速させるだろう。

しかし、自動車はソフトウェアの重要性が高まったとはいえ、半導体とソフトウェアだけで動くものではない。より良いハードウェアと連携して初めてその威力を発揮する。自動車産業はものづくりのデジタル化対応を確実に進め、仮想空間上のデジタルと現場のリアルな情報を連携させ、自動車産業のデジタル化のなかに幾重ものビジネスチャンスを捉えていけるはずだ。

ニュートンの法則も変わることもない。標準的なオープンモジュールを組み合わせ、ひとつのOSの上で、現在の自家用車が提供している走行性能や安全の価値を担保できる時代は、通信速度、半導体集積度から考えても、それほど簡単に訪れないことも誤解を避けるために付言しておかなければならない。

自動車産業が絶望の淵に立っているわけではない。コロナによるニューノーマルは危機だけではなく、自動車産業にとっては同時に攻めの機会の到来でもある。それを手中にするためにも、大規模なDXを行っていかなければならない。SDGsの実現に向けた社会変革型のイノベーションの推進役とならなければダメだ。世紀の自動車産業の大変革と自己改革を是が非でも実行せねばならない。

強くなければ生き残れない。かねて言われ続けた自動車産業の危機論であるが、コロナはそれを現実のものとして自動車産業に突き付けているのである。いつか来る未来は、コロナが間違いなく近未来に引き寄せたと言える。

おわりに

米ジョンズ・ホプキンス大学の集計によれば、日本時間の2020年9月18日午前6時半時点で、新型コロナウイルスの世界の感染者数は3000万3378人となり、ついに3000万人を超え、死亡者数は100万人に迫っている。1000万人増えるのにかかった日数でみると、最初の1000万人は166日かかり、2000万人へは44日、3000万人までは38日となった。拡大ペースは一定の沈静化が見られるものの、いまだ凄まじい感染者数である。

日本など東アジアでは感染拡大の勢いが収まりつつある一方、米国の感染者数は一時より減ったとはいえ依然として高水準で、一部の州は拡大傾向が見られる。欧州、アジアの一部地域でも減少から増加傾向に転じている。とりわけ、国内自動車産業と関係の深いインド、インドネシアでは、どうにも感染者数の拡大に歯止めをかけられず、大幅な行動制限が再発動されるなど、混乱は収拾していない。欧州では医療崩壊の懸念も再燃しており、夏のバカンスの代償は厳しい反動を引き起こしている。

OECDはその2日前の9月16日、最新のエコノミックアウトルック中間報告を公表。その中で、世界経済の実質GDP成長率を2020年はマイナス4・5%、2021年はプラス5・0%とした。2020年は1・5ポイント上方修正し、2021年は前回の6月時点での見通しとほとんど変わらない。中国の経済回復が著しく、米国も想定よりも良いようだ。２０２０年の世界の新車販売台数は本文にある前年比２割減の想定を上回る回復を示し、15〜18％減となる可能性がある。２０２１年の予想に大きな影響はないだろう。

２０２１年末にかけて緩やかに経済が回復していく見通しであるが、シナリオはいまだ幅広く、上向きシナリオの場合、２０２１年ＧＤＰ成長率はプラス７・１％、下向きのシナリオの場合は同２・２％に押し下げられると予測する。

ローレンス・ボーンＯＥＣＤチーフエコノミストは、第二次世界大戦以来最も深刻な経済不況に直面していると警告し、政府の継続的な財政政策の重要性を強調した。

「政策当局は、真に持続可能な回復計画を実行して、経済を再活性化し、中小企業が何よりも必要としているデジタルのアップグレードと、環境にやさしいインフラと交通、住宅への投資を引き出し、より良い、より環境に配慮した経済復興を遂げるまたとない機会を手にしている」と会見で述べた。

欧州大陸や米国都市部を中心に、社会変革型のイノベーションを誘導する政策の発動が加速することは想像に難くない。また、本書が示す自動車産業の長期的な生産・販売台数成長力を減衰させ、ＣＡＳＥ革命へのカウントダウンを早めるコロナの本質は動かない。

ＯＥＣＤの発表の翌週、9月22日には、多くのテスラファン、イーロンマスク信者がカリフォルニアのテスラ本社に集結した。株主年次総会に続けて「バッテリーデー」が開催されたのである。コロナ禍の中での開催ということで、感染防止のため昔懐かしいドライブイン・シアターのようにクルマ（もちろん、見る限りテスラ車）に乗ったままステージ上のマスクのメッセージに耳を傾けたのだ。大成功を収めた2019年の業績報告に、拍手の代わりに車のクラクションを鳴らす光景が印象的であった。

大注目されてきた「バッテリーデー」の中で、マスクは2つの重大な見通しに言及している。電池の生産能力について、2022年までに100ギガワット、2030年に3テラワットへ能力を増強するというのだ。テラは1000ギガを表す非常に大きな単位である。ネバダ州にあるギガファクトリーは30ギガワットを生産しており、3000ギガワットというのは凄まじい規模だ。年間2000万～3000万台のEVを生産できる規模である。

次に、新しいコバルトフリーの4680電池セルを開発し、将来的にパックコストの56％削減を目指すという。3年以内に2・5万ドル（約262万円）のEVを実現することも併せて公約したのだ。再び、強烈なブレークスルーが訪れそうだ。すべての車両をEVに転換するには10テラワットの電池能力と発電インフラが必要だというが、マスクはその実現を本気で唱えているのである。

デジタル化に遅れ、それが幸運にも産業の変革を遅らせ、ものづくりの強みを維持し続けてきたのが自動車産業である。しかし、コロナは一気にデジタル産業へと舵を切るよう大変革を迫っているのだ。自動車産業が活力を失えば、ＩＴ企業や新興企業に社会変革のイノベーションを主導する役割を明け渡さざるを得なくなるだろう。

第7章に登場したウーブン・プラネットが開発する「アリーンOS」のネーミングは、フォルクスワーゲンの「vw・OS」やダイムラーの「MB・OS」とはやや異質な響きがある。そもそも、この「アリーン」とはどんな意味なのか。辞書を引いてみると、、においを放つことが特徴の「芳香族炭化水素」とあり、ベンゼンが代表例だ。ベンゼンはベンゼン環という6つの炭素環状化合物を基本構成として、重合や結合しながらつながって複雑な分子構造を形成する。

アリーンに込めた思いとは、アリーンOSをベンゼン環の中心に位置させながら、モビリティ、家、街、暮らしを結合していく未来都市の一大プラットフォームとする狙いがあるのであろう。そういったプラットフォームはいまだアマゾン、グーグルともに完成できてはおらず、自動車産業にはその実現者となれるチャンスがある。

CASEとMaaSの交差点には、自動車産業のデジタル・トランスフォーメーションを起こし、人類の幸福や笑顔をもたらす変革が待ち受けている。自動車産業に関わるということは、その推進役であるという自覚とそのための自己啓発が不可欠だ。自分自身、コロナ危機に際し、この重大さに気が付いたのである。

謝辞

最後になりましたが、コロナ危機の最中にこの産業を再び俯瞰できる機会を頂いた株式会社日経ＢＰと同社でご担当頂いた渡辺一さんに感謝を申し上げます。加えて、本書の実現に向けてご協力を頂いた自動車会社、部品会社のＩＲ、広報のご担当者の皆様には大変お世話になりました。データ収集、編集、校閲、雑務までサポート頂いた弊社のインターン生へも感謝申し上げます。早稲田大学大学院経済学研究科のLiu Yujunさん、国際基督教大学の山口晴香さん、竹井智之さん、スタッフの長井清美さん、ジェフリーズ証券会社東京支店調査部の鄭立霖さん、荻野茂美さんに感謝を申し上げます。本文中の肩書は当時のものとし、敬称は省略いたしました。

２０２０年９月

中西　孝樹

注

1 池田光史「【豊田章男】一代一業。クルマの次は、街をつくる」 NewsPicks、２０２０年８月１日 https://newspicks.com/news/5110655/body/?ref=user_1446805

2 東京都市圏交通計画協議会「第６回東京都市圏パーソントリップ調査」国土交通省、２０１９年11月27日 https://www.metro.tokyo.lg.jp/tosei/hodohappyo/press/2019/11/27/documents/02.pdf

3 Edoardo Conticini, Bruno Frediani, Dario Caro, *Can atmospheric pollution be considered a co-factor in extremely high level of SARS-CoV-2 lethality in Northern Italy?*, 4 April 2020 https://www.sciencedirect.com/science/article/pii/S0269749120320601

4 *COVID-19 PM2.5 A national study on long-term exposure to air pollution and COVID-19 mortality in the United States*, Harvard University, April 24, 2020 https://projects.iq.harvard.edu/covid-pm/home

5 「自動車販売もオンライン化の流れ」ＪＥＴＲＯ、２０２０年５月13日 https://www.jetro.go.jp/biznews/2020/05/49a43f28968c0642.html

6 Gary Silberg, Tom Mayor, Todd Dubner, Bala Lakshman, Yoshi Suganuma, Nehal Doshi, Jono Anderson, *Automotive's new reality: Fewer trips, fewer miles,fewer cars?* KPMG

7 Michael Hicks, Nalitra Thaiprasert, *A first look at the 'Cash for Clunkers' program, Economics* Bulletin Vol.32, Issue 1, February 8, 2012, http://www.accessecon.com/Pubs/EB/2012/Volume32/EB-12-V32-I1-P53.pdf

8 Mark Wakefield, Stefano Aversa, *AlixPartners Global Automotive Outlook: Mastering Uncertainty*, AlixPartners LLP, June 4, 2020

9 中西孝樹『ＣＡＳＥ革命』日本経済新聞出版社、２０１８年、（日経ビジネス人文庫、２０２０年）

10 藤本隆宏「アフターコロナ時代における日本企業のサプライチェーンについての一考察」東京大学ものづくり経営研究センター、２０２０年

11 「〝ビークルＯＳ〟世界競争が勃発」『日経Automotive』２０２０年６月10日、https://xtech.nikkei.com/atcl/nxt/mag/

at/18/00060/00001/

12 「米グーグル、「デジタル都市」計画を中止　新型ウイルスが影響」ＢＢＣ、２０２０年5月8日 https://www.bbc.com/japanese/52585759

参考文献

■書籍

熊谷亮丸『ポストコロナの経済学　8つの構造変化のなかで日本人はどう生きるべきか?』日経ＢＰ、２０２０年

中西孝樹『ＣＡＳＥ革命』日本経済新聞出版社、２０１８年（日経ビジネス人文庫、２０２０年）

日高洋祐、牧村和彦、井上岳一、井上佳三『ＭａａＳ モビリティ革命の先にある全産業のゲームチェンジ』日経ＢＰ、２０１８年

日高洋祐、牧村和彦、井上岳一、井上佳三『Beyond MaaS 日本から始まる新モビリティ革命——移動と都市の未来——』日経ＢＰ、２０２０年

アーサー・ディ・リトル・ジャパン『モビリティー進化論　自動運転と交通サービス、変えるのは誰か』日経ＢＰ、２０１８年

アクセンチュア戦略コンサルティング本部モビリティチーム、川原英司、北村昌英、矢野裕真ほか『Mobility 3.0ディスラプターは誰だ?』東洋経済新報社、２０１９年

日経XTECH『アフターコロナ　見えてきた7つのメガトレンド』日経ＢＰ、２０２０年

湯進『２０３０　中国自動車強国への戦略　世界を席巻するメガＥＶメーカーの誕生』日本経済新聞出版社、２０１９年

■レポート・論文

Mark Wakefield, Stefano Aversa, *AlixPartners Global Automotive Outlook: Mastering Uncertainty*, AlixPartners, LLP., 2020/6/4

Alex Brotschi, Daniel Christof, Joe Dertouzos, Sebastian Kempf, and Prashant Vaze, *Beyond coronavirus: The road ahead for the automotive aftermarket*, McKinsey&Company, 2020/4/1

Trevor Reed, "Micromobility Potential in the US, UK and Germany", INRIX, 2019/9/1

宮代陽之「COVID-19がもたらす都市とモビリティの『新常態』」国際経済研究所、２０２０年6月18日

藤本隆宏「アフターコロナ時代のものづくり〜コロナ以後の日本企業のサプライチェーンを考える〜」東京大学ものづくり経営研究センター、２０２０年８月３日
水尾佑希、高見博「新型コロナウイルス感染拡大に伴うサプライチェーンへの影響とその対応策」財務総合政策研究所、２０２０年６月10日
東京都市圏交通計画協議会「第６回東京都市圏パーソントリップ調査」国土交通省、２０１９年11月27日
熊谷徹「ＥＵ、気候変動対策『欧州グリーン・ディール』をコロナ復興プランの中心に」MUFG Bizbudy、２０２０年６月25日
Edoardo Conticini, Bruno Frediani, Dario Caro, *Can atmospheric pollution be considered a co-factor in extremely high level of SARS-CoV-2 lethality in Northern Italy*?, University of Siena, 2020/4/4
Xiao Wu, Rachel C. Nethery, Francesca Dominici, M. Benjamin Sabath, Danielle Braun, *COVID-19 PM2.5　A national study on long-term exposure to air pollution and COVID-19 mortality in the United States*, Harvard University, 2020/4/24
Re-spacing Our Cities For Resilience, OECD, 2020/5/3
Consumers back industry call for a scrappage incentive scheme, The Society of Motor Manufacturers and Trader, 2009/3/16
藤本隆宏、加藤木綿美、岩尾俊兵「調達トヨタウェイとサプライチェーンマネジメント強化の取組み」東京大学ものづくり経営研究センター、２０１６年５月14日
Michael Hicks, Nalitra Thaiprasert, *A first look at the 'Cash for Clunkers' program*, Economics Bulletin Vol.32, Issue1 2002/2/8

■雑誌
「ソフトで勝ち抜く ビークルOS時代の自動車戦略」『日経Automotive』２０２０年７月１日、日経ＢＰ
「アフターコロナへ走り出す ＣＡＳＥに〝濃淡〟、成長の芽はどこに?」『日経Automotive』２０２０年９月１日、日経ＢＰ

「『新型コロナ終息しても世界は変わる』、加首相が国民に適応呼びかけ」『Newsweek』２０２０年５月15日

「〝ビークルＯＳ〟世界競争が勃発」『日経Automotive』２０２０年６月10日、日経ＢＰ社

「アイシン精機のソフト開発、『横串組織で効率化、ビークルＯＳにも対応』」『日経Automotive』２０２０年５月26日

「今道路の周りで起こっていること その② 自家用車はますます嫌われる？」『月刊ＩＴＶ』２０２０年５月号

■ウェブサイト

“Coronavirus Disease 2019 (COVID-19) situation report” https://www.who.int/emergencies/diseases/novel-coronavirus-2019/situation-reports, World Health Organization,（閲覧日）2020/8/20

「米グーグル、『デジタル都市』計画を中止　新型ウイルスが影響」https://www.bbc.com/japanese/52585759、ＢＢＣ、（閲覧日）2020/7/8

「グーグルがトロントで夢見た『未来都市』の挫折が意味すること」https://wired.jp/2020/05/09/alphabets-sidewalk-labs-scraps-ambitious-toronto-project/、WIRED（US）、（閲覧日）2020/7/8

「世界で最も不動産バブル崩壊のリスクが高い７都市」https://www.trendswatcher.net/050919/geopolitics/%E4%B8%96%E7%95%8C%E3%81%A7%E6%9C%80%E3%82%82%E4%B8%8D%E5%8B%95%E7%94%A3%E3%83%90%E3%83%96%E3%83%AB%E5%B4%A9%E5%A3%8A%E3%81%AE%E3%83%AA%E3%82%B9%E3%82%AF%E3%81%8C%E9%AB%98%E3%81%847%E9%83%BD%E5%B8%82/、（閲覧日）2020/7/8

「グーグルが計画中の未来都市『ＩＤＥＡ』は、徹底したデータ収集に基づいてつくられる」https://wired.jp/2019/07/05/alphabets-plan-toronto-depends-huge-amounts-data/、WIRED（US）、（閲覧日）2020/7/8

「トロントの不動産市場に関する５つの重要な事実」https://www.motleyfool.co.jp/archives/3320、The Motley Fool Japan, K.K.、（閲覧日）2020/7/8

「ＩＭＦ世界経済見通し ２０２０年６月」https://www.imf.org/ja/Publications/WEO/Issues/2020/06/24/WEOUpdateJune2020、ＩＭＦ、（閲覧日）2020/8/10

「『新型コロナウイルス感染症の感染予防に向けた取組み』編」https://www.tokyometro.jp/corporate/newsletter/2020/207506.

html」東京メトロ」（閲覧日）2020/8/14
"MTA Announces 13-Point Action Plan for A Safe Return As New York City Begins Phase1Reopening" http://www.mta.info/press-release/mta-headquarters/mta-announces-13-point-action-plan-safe-return-new-york-city-begins, MTA,（閲覧日）2020/8/14
"Community Mobility Reports" https://www.google.com/covid19/mobility/, Google,（閲覧日）2020/8/14
"OECD Economic Outlook_June 2020" https://read.oecd-ilibrary.org/economics/oecd-economic-outlook/volume-2020/issue-1_0d1d1e2e-en#page1, OECD,（閲覧日）2020/8/20
「『助け合いプログラム』の概要　最大1億円」http://www.jama.or.jp/covid19/docs/20200623.pdf」一般社団法人 日本自動車工業会」（閲覧日）2020/7/11
"Tesla and the science behind the next-generation, lower-cost, 'million-mile' electric-car battery", https://www.cnbc.com/2020/06/30/tesla-and-the-science-of-low-cost-next-gen-ev-million-mile-battery.html, CNBC,（閲覧日）2020/7/14
"Million-mile' batteries are coming. Are they a revolution?" https://grist.org/energy/million-mile-batteries-are-coming-are-they-really-a-revolution/,（閲覧日）2020/7/14
"Impact Report 2019" https://www.tesla.com/ns_videos/2019-tesla-impact-report.pdf,（閲覧日）2020/7/14
"Open Streets（Streets Opened for Social Distancing）" https://www1.nyc.gov/html/dot/html/pedestrians/openstreets.shtml,（閲覧日）2020/8/14
"Congestion Charge area/Ultra Low Emission Zone in central London" http://lruc.content.tfl.gov.uk/congestion-charge-ulez-map.pdf,（閲覧日）2020/8/14
"Zones 30 à Paris" https://cdn.paris.fr/paris/2019/07/24/db1b9077d0617c96721c6960bc0cec9e.pdf,（閲覧日）2020/8/14
"Adjustment of the Pentagon residential area" https://www.brussels.be/residential-area,（閲覧日）2020/8/14
"Coronavirus: City of Brussels lowers speed limit to 20km/h" https://www.brusselstimes.com/brussels/107383/coronavirus-city-of-brussels-lowers-speed-limit-to-20-km-h/,（閲覧日）2020/8/14
"PARIS Smart and Sustainable-looking ahead to 2020 and beyond" https://api-site-cdn.paris.fr/images/99354, MAIRIE

DE PARIS,（閲覧日）2020/8/14
「新型コロナ感染症:『大気汚染』と感染・重症化の関係とは」 https://news.yahoo.co.jp/byline/ishidamasahiko/20200623-00184663/、（閲覧日）2020/8/14
“Congestion Charge area/Ultra Low Emission Zone in central London” http://lruc.content.tfl.gov.uk/congestion-charge-ulez-map.pdf,（閲覧日）2020/8/20
“Zones 30 : comment ça marche?” https://www.paris.fr/pages/zones-30-comment-ca-marche-5507, Paris City,（閲覧日）2020/7/8
「電動マイクロモビリティ『ＬＵＵＰ』が３・５億円調達、公開２日で２０００人以上の会員獲得」https://thebridge.jp/2020/06/micromobility-luup-raised-350m-yen-from-anri、ＢＲＩＤＧＥ、（閲覧日）2020/8/20
「自動車販売もオンライン化の流れ」https://www.jetro.go.jp/biznews/2020/05/49a43f28968c0642.html、ＪＥＴＲＯ、（閲覧日）2020/8/20
「中国で豪雨２カ月続き経済損失２兆円に　被害拡大で『脱貧困』厳しく」https://www.sankeibiz.jp/macro/news/200805/mcb2008050500004-n1.htm、産経ビズ、（閲覧日）2020/8/20
「テスラが天猫に出店、ライブ配信による自動車販売開始」https://www.chaitopi.com/2020/04/20/tesla-tmall/、チャイトピ！、（閲覧日）2020/7/8
「Prime à la conversion ajustee　車両変換ボーナスとエコロジーボーナス2020」https://www.primealaconversion.gouv.fr/、MINISTÈRE DE LA TRANSITION ÉCOLOGIQUE、（閲覧日）2020/7/8
「ダイムラーが〝ビークルＯＳ〟競争に参戦、エヌビディアとタッグ」https://xtech.nikkei.com/atcl/nxt/column/18/00001/04221/、「日経Automotive」、（閲覧日）2020/8/20
“Tesla Autonomy Investor Day” https://ir.tesla.com/events/event-details/tesla-autonomy-investor-day, Tesla,（閲覧日）2020/8/20
“Beyond coronavirus The road ahead for the automotive aftermarket” https://www.mckinsey.com/industries/automotive-and-assembly/our-insights/beyond-coronavirus-the-road-ahead-for-the-automotive-aftermarket, McKinsey,

（閲覧日）2020/8/20
「サプライチェーン対策のための国内投資促進事業費補助金の先行審査分採択事業が決定されました」https://www.meti.go.jp/press/2020/07/20200717005/20200717005.html、経済産業省、（閲覧日）2020/8/20
「【完全図解】加速する『自動車サプライヤー再編』を整理する」https://newspicks.com/news/3446018/body/?ref=search、NewsPicks、（閲覧日）2020/8/20
「VWが出資した『中国大手電池メーカー』の正体」https://toyokeizai.net/articles/-/354879、東洋経済ＯＮＬＩＮＥ、（閲覧日）2020/7/11
「ＯＥＣＤ、２０２０年の世界経済見通しを上方修正」https://www.jetro.go.jp/biznews/2020/09/74aefc68c96d9483.html、ＪＥＴＲＯ、（閲覧日）2020/9/17
「経済回復の先が見えない中で景況感を取り戻すことが必須」http://www.oecd.org/tokyo/newsroom/building-confidence-crucial-amid-an-uncertain-economic-recovery-says-oecd-japanese-version.htm、ＯＥＣＤ、（閲覧日）2020/9/17
「世界の感染者３０００万人超　新型コロナ　アジアヨーロッパ増加傾向」https://www3.nhk.or.jp/news/html/20200918/k10012624451000.html、ＮＨＫ、（閲覧日）2020/9/18

【著者紹介】

中西 孝樹（なかにし・たかき）

株式会社ナカニシ自動車産業リサーチ代表兼アナリスト

1994年以来、一貫して自動車産業調査に従事し、米国Institutional Investor（II）誌自動車セクターランキング、日経ヴェリタス人気アナリストランキング自動車・自動車部品部門ともに2004年から2009年まで6年連続第1位と不動の地位を保った。バイサイド移籍を挟んで、2011年にセルサイド復帰後、II、日経ランキングともに自動車部門で2012年第2位、2013年第1位。2013年に独立し、ナカニシ自動車産業リサーチを設立。

著書に『トヨタ対ＶＷ（フォルクスワーゲン） 2020年の覇者をめざす最強企業』『オサムイズム“小さな巨人”スズキの経営』（ともに日本経済新聞出版社）、『CASE革命 MaaS時代に生き残るクルマ』（日経ビジネス人文庫）など多数。

自動車 新常態（ニューノーマル）

CASE／MaaSの新たな覇者

2020年10月16日　1版1刷

著　者　中西 孝樹

発行者　白石 賢

発　行　日経BP
日本経済新聞出版本部

発　売　日経BPマーケティング
〒105-8308　東京都港区虎ノ門4-3-12

印刷・製本　中央精版印刷

本文組版　マーリンクレイン

装丁　相京厚史（next door design）

ISBN978-4-532-32362-2

本書籍に関するお問い合わせ、ご連絡は下記にて承ります。
https://nkbp.jp/booksQA

Printed in Japan